NFT

浪潮

石琦

——

著

Non-Fungible Token

From creation trading
to building the Metaverse

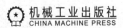

机械工业出版社
CHINA MACHINE PRESS

2021年，NFT浪潮席卷全球，一度成为年度关键词，被誉为步入元宇宙的关键入口。如今，各大商业巨头和社会名人都已布局入场，其中不乏大量的中国企业和玩家。那么NFT究竟是什么？普通人怎样参与到这个千亿美元量级的大市场中呢？本书从科普的角度为广大读者揭开NFT的面纱，一步步带领各位铸造、交易NFT。从现在到未来，从绘画、音乐、游戏到汽车、房地产等都有可能NFT化，那么等什么呢，赶快参与到这个可能改变各大产业的NFT浪潮中吧！

图书在版编目（CIP）数据

NFT浪潮：从创造、交易到构建元宇宙 / 石琦著. —
北京：机械工业出版社，2022.8
ISBN 978-7-111-71347-0

Ⅰ.①N… Ⅱ.①石… Ⅲ.①互联网络 – 普及读物
Ⅳ.①TP393.4–49

中国版本图书馆CIP数据核字（2022）第138843号

机械工业出版社（北京市百万庄大街22号　邮政编码100037）
策划编辑：赵　屹　　　　　责任编辑：赵　屹　王　芳
责任校对：史静怡　王　延　责任印制：张　博
北京利丰雅高长城印刷有限公司印刷

2022年9月第1版第1次印刷
148mm×210mm・9.375印张・198千字
标准书号：ISBN 978-7-111-71347-0
定价：79.00元

电话服务　　　　　　　　网络服务
客服电话：010–88361066　机 工 官 网：www.cmpbook.com
　　　　　010–88379833　机 工 官 博：weibo.com/cmp1952
　　　　　010–68326294　金 书 网：www.golden-book.com
封底无防伪标均为盗版　　机工教育服务网：www.cmpedu.com

序　言

我第一次接触到NFT，是在一次机缘巧合之下，曾经的创业伙伴让我帮她把自己的作品铸造成NFT放在Opensea上售卖，当时效果出乎了我们意料。我就敏锐地意识到NFT在艺术方面的伟大应用。

2021年被称为NFT元年，国内外各种NFT项目层出不穷，NFT赛道以高昂的估值强势破圈，吸引了名人、资本、大厂进场，纷纷"一掷千金"。

六年前，NFT领域仅仅是一些先锋艺术家和极客的试验场，而如今NFT已经飞入寻常百姓家，就拿国内来说，星巴克的热点话题已经从过去的O2O创业淘金到了现在的元宇宙、NFT。从无到有，到如今丰富的应用场景、复杂的技术架构、多样的参与人群，NFT仅仅用了不到六年时间，这让人不得不感叹科技的高速发展、众人的智慧之高。

那么，什么是NFT？有人认为NFT是一项技术，也有人认为NFT是一种艺术表现形式，还有人认为NFT就是数字藏品。其实上述说法都有一定道理，都从某个角度描述了NFT，而本书会从多个角度一一展开，向您完整呈现NFT从创建、交易到构建元宇宙的整个架构。

当然，除了各种介绍性的文字，本书还通过与实际生活中的NFT项目、平台结合，让读者了解各主流NFT平台的使用方法，从而进一步加深对NFT的认知。希望各位在阅读完本书之后，可以叩开NFT的大门，更清晰的了解NFT。

为什么一定要了解NFT呢？

首先NFT作为一种技术，已经走入我们生活。不久前，麦当劳在国内发布了一款新汉堡，购买这款汉堡就会附赠一个NFT，这让普通的社会大众初步认识了NFT，同时也说明这项技术可以在一定程度上对我们的生活产生影响。

同时，NFT是许多新兴艺术的载体，数字艺术品等流派的艺术家通过NFT表达自己的思想。比如在国内的NFT中国交易平台上，不仅有不少元老级传统艺术家入驻，还有在社交媒体上粉丝量达千万的新锐艺术家入驻，他们纷纷将艺术与NFT结合，尝试开创一个艺术新纪元。

NFT当然也是数字藏品，需要满足稀缺性、不可伪造性，NFT技术天生满足不可伪造的特性，而藏品的发行方可以控制稀缺性，因此NFT非常适合作为数字藏品。

对于创作者来说，NFT可以拓展创作的边界、表达更丰富的思想；对于艺术品的收藏者而言，有不同的形式能欣赏到自己喜欢的艺术家作品，也令人心潮澎湃！

现在，你是不是已经拥有更多好奇心，想要进一步了解NFT？但在踏上NFT之旅前，也请读者一定要擦亮自己的眼睛，保持理智。作为一项正在飞速发展的领域，前期一定会伴随着混乱和风险，这就特别需要读者提高警惕，尽量不要参与不知名的NFT平台、项目。

在写本书过程中，我身边有许多良师益友曾提供帮助，在此想要向他们表示感谢。同时，本书内容仅可作NFT入门学习指导作用，由于NFT领域依靠着巨大的应用空间和技术遐想力，在数字经济世界蓬勃发展，相关资讯内容更新迭代迅速，因此也请读者多多海涵，就读本书时，可结合最新行业权威资讯进行阅读。

NFT浪潮正在向我们涌来，让我们一起开始NFT之旅吧！

目 录

第一章

到底什么是
NFT

NFT 浪潮

你一定是带着一肚子的问题打开这本书的：到底什么是NFT？NFT有什么用？怎么参与到NFT中？又或者，你已经参与到一些NFT项目之中了，你也许购买过一两个NFT，甚至发行过NFT。但你也一定有疑问：NFT现在发展到什么阶段？NFT背后有怎样的技术？哪里才会是更好的NFT发行平台？

可能你曾经看到过以下的一些新闻：

"2021年北京时间3月11日晚，纽约佳士得拍卖行在网络上拍卖了艺术家Beeple的一幅NFT数字艺术品《每一天：前5000天》（*Everydays：The First 5000 Days*）。经过14天的网上竞价，该作品最终以6025万美元落槌，加上佣金共计约6934万美元成交（约合4.5亿元）。"

该作品是Beeple将其从2007年5月1日起每天在网上发布的绘画照片，在凑满5000张后用NFT加密技术组合到一起生成的。其成交价也创造了NFT艺术品的新纪录。这也使艺术家Beeple成为仅次于大卫·霍克尼和杰夫·昆斯之后的身价最高的三位在世艺术家之一。同时，Beeple的作品价格也高于许多古典大师的作品了，包括拉斐尔·桑西和提香·韦切利奥。

"2021年11月24日，《柯林斯词典》宣布'NFT（非同质化通证）'成为2021年年度词汇。"

抛开心头的各种疑惑,忘掉那些新闻或者图片,NFT到底是什么? NFT意味着什么?

首先请大家注意,NFT是个非常新鲜的事物。即使在专业人士眼中,NFT也有着极为不同的含义。所以接下来我们会循序渐进、由浅入深一步步来解释NFT。

我们尝试通过盲人摸象的过程,先看看NFT的表面含义,再探究表面含义下所蕴含的实际价值;尝试理解NFT价值之后,我们再来看看NFT究竟是怎么运作的。请注意,NFT是个非常新鲜的事物并且时时更新,你阅读本书时的现实就有可能与本书的叙述有所不同,请你解放思想,尝试使用搜索引擎更新你的知识。

NFT 的字面含义

NFT确实是一个非常新鲜的事物,新鲜到国内还没有相应的词汇作为既生动又准确的译文。NFT全称是Non Fungible Token,中文名直译过来叫作不可分割通证,而更常见的名字是非同质化通证。从字面上可能很难理解NFT代表什么东西,那就拆开来看。

首先,NFT是Token。Token中文翻译过来叫作通证,通证是数字化的凭证。广义上来讲生活中常见的Q币、银行发行的纸黄金、手机银行中的定期存单、外卖软件的红包等都属于通证。

根据瑞士金融市场监督管理局(FINMA)在2018 年 2月提出相关文件,通证主要分为支付通证、功能通证、资产通证三种,并且可能存在混合形式。

支付通证(Payment Token):支付通证目前并没有其他功能

或连接其他开发项目的功能，只作为在一段时间内的支付手段。例如数字人民币、Q币、各种积分等。

功能通证（Utility Token）：功能通证是旨在为应用程序或服务提供数字访问的通证。例如各类互联网会员等。

资产通证（Asset Token）：资产通证代表资产，例如参与实体收益、公司股份或收益权益，或者获得股息或利息支付的权利。就其经济功能而言，通证类似于股票、债券或衍生品。例如纸黄金等。

NFT作为通证，可同时兼具三种形式。除此之外，NFT还有一个重要属性：非同质化。非同质化的属性让NFT有别于一般其他通证。

那么什么是非同质化？非同质化是同质化的反义词，两个词都是经济学术语。同质化的两个东西意味着它们在规格上是相同的，每个单位之间的物品可以相互替代。例如，特定等级的商品，如999金，是可以互换的，哪里生产、提纯的黄金不重要，所有被鉴定为999金的都有一样的价值。普通股、期权和货币都是同质化物品的例子。

以货币为例。如果小明借给小红一张50元的钞票，小红用另一张50元的钞票来偿还，对小明来说是可以的，因为面值相同的不同的钞票是可以相互替代的。在同样的意义上，小红可以用两张20元的钞票和一张10元的钞票来偿还，小明也不会提出疑义，因为总额等于50元。

相反，作为一个非同质化的例子，如果小明把自己的车借给小红，小红归还一辆不同的车，对此小明是不可接受的，即使它与小明最初借出的车是同一个品牌和型号。像钻石、土地这样的资产是不可互换的，因为每个单位都有独特的品质，价值不同。

北京一卡通卡面

　　例如，由于单个钻石有不同的切割、颜色、尺寸和等级，它们不能互换，所以它们不能被称为同质化物品。房地产从来没有真正的可替代性。即使在一条由相同的房子组成的街道上，每所房子的情况也会有所不同，例如面临不同的噪声和交通状况，不同的维修状态，或者拥有周围地区的独特景观。

　　因此从字面意义上来讲，NFT就是具有非同质化特性的数字化凭证。广义上来讲，我们在银行的存单、游戏中的皮肤、各种在线的会员卡、数字公交卡的卡面、数字登机牌，都可以算作NFT。

NFT 与区块链

　　生活中NFT已经无处不在。域名、游戏中的物品、微博账号等，都是不可伪造的数字资产；它们只是在可交易性、流动性和互操作性方面有所不同。它们中的许多都具有令人难以置信的价值。仅在2021年上半年，腾讯的手机游戏《王者荣耀》中的游戏皮肤就获得了15亿美元的收入，活动门票的市场规模预计将在2025年达到680亿美元，而域名市场也在稳固增长。

作为一种加密数字资产（以下简称数字资产），NFT可以存在于任何地方。现实生活中已经有了大量的数字物品，但用户在多大程度上"真正拥有"这些NFT？如果数字所有权只意味着一件数字资产属于你而不是别人，那么在某种意义上你拥有它；但是数字所有权应该更像物理世界的所有权（可以自由持有和无限期转让），然而目前数字资产似乎并不总是这样的，相反，拥有的这些数字资产在特定的环境下，可能难以被转让。例如，在淘宝上出售王者荣耀皮肤，几乎是一件不太可能的事情。

区块链在这里就起到很大的作用。

区块链是一个公共的账本，可以为数字资产提供一个协调层，给予用户对数字资产的所有权和管理权。区块链为不可伪造的资产增加了几个独特的属性，改变了用户和开发者与这些资产的关系。

在区块链上发行NFT，可以使NFT流通起来，并让我们真正拥有一件NFT。拥有一件NFT，我们就可以对其进行价值发现、组合。这其中蕴含着无限的可能性。

想象一下，游戏的道具可以在游戏外的其他平台交易，这将会激发多么巨大的市场。或者银行之间的存单可以相互流通，这将给银行业带来多么大的革新。

将NFT与区块链结合，将带来以下的特性。

标准化

传统的数字资产——从活动门票到域名——在数字世界中没有统一的表述。一款游戏可能以完全不同于活动门票系统的方式表示其游戏中的收藏品。通过在公共区块链上以NFT作为表述，开发者可以建立与所有NFT相关的通用、可重复使用、可继承的标准。这些标准包括所有权、转让和简单的访问控制等基本要素。额外的标准（例如，关于如何显示NFT的规范）可以分层，以便在应用程序中进行丰富的显示。

互操作性

在实现标准化之后，NFT对应的标准允许其在不同的区块链系统中轻松移动。当开发者推出一个新的NFT项目时，这些NFT立即可以在几十个不同的APP中查看，可以在市场上交易，还可以在元宇宙中显示。

可交易

满足互操作性后，NFT最引人注目的功能是在开放市场上的自由贸易。通过自由贸易，用户可以将数字资产移出原来的应用，并进入一个市场。在那里他们可以利用如拍卖、投标、捆绑等复杂的交易功能，进一步发掘NFT的价值。

流动性

NFT的可交易特性将导致更高的流动性。足够的流动性可以让NFT市场满足从专业收藏家到新手玩家的各种受众，使大家都可以参与进来。面向更广大受众的市场受到长尾效应的影响，可以容纳更多的创作者和收藏家，创造更大的价值。

不可更改性和可证明的稀缺性

区块链可以保证NFT发行后不能被篡改，同时可以方便地证明某个资产的所有权。这对艺术品来说特别重要——因为艺术品在很大程度上依赖于原始作品可证明的稀缺性。

可编程性

由于区块链具有图灵完备的特性，因此NFT是完全可编程的。Crypto Kitties（一款区块链养猫游戏，也是一个比较著名的NFT项目）在代表数字猫的NFT中加入繁殖机制，可以使不同NFT结合而产生新的NFT。今天的许多NFT有更复杂的机制，如锻造、制作、赎回、随机生成等。设计空间充满了可能性。可编程的特性可以让数字艺术品有更大的创作空间。

NFT 的价值与使用场景

前文中我们主要讨论了概念上的NFT，介绍了NFT的属性和字面上的含义，并结合区块链探讨了通过区块链发行NFT的重要作用。接下来，我们将探讨NFT的作用，并且进一步介绍NFT的价值。

作为一种可以流通的资产，NFT可以模拟现实生活中的大部分商品。目前NFT的主要作用体现在以下几个方面。

数字艺术品

数字艺术品可以有多种形式，如图片、音频、代码、3D模型、音轨、书籍等。艺术家通过将数字艺术品与NFT绑定，赋予数字艺术品所有权。

NFT使艺术品的所有权更容易获得。艺术品作为一个有价值的物品，创作者、收藏家都可以拥有其一部分。实物艺术品的保管仍然需要一个值得信赖的保管人，但一个NFT就可以完全摆脱发行、持有和交易这些中间商，这可以释放出更多的可能性。创作者还可以制作一个NFT，从而以完全自动化的方式获得所有次级销售的利润。在传统的艺术世界里，艺术家通常不会从二次销售中获得分成。

将NFT与艺术品结合，可以实现一种有趣的艺术品：可编程艺术品。一件艺术品可以结合区块链的链中数据，动态地更新作品的某些特征或特性。由于区块链中的数据为所有人共有并且不可篡改，可编程的艺术品可以做到对所有人相同，但又可以随着时间进行改变。这样一种时间维度上的艺术品，拥有更强的艺术张力，可以赋予创作者更多的叙事手段和无数的创意可能性。

数字艺术品可以实现在线展览，与元宇宙相结合可以发挥更大的作用。博物馆可以在元宇宙中建立虚拟的展廊，展示各类有趣的NFT作品，而收藏家可以将这些展廊和社交媒体链接，让更多人看到自己的藏品。随着元宇宙变得越来越流行，数字艺术展示将变得越来越普遍。这不会与有人花钱购买游戏物品来定制角色的外观有多大区别，这已经是一个数十亿美元的产业。

常常会有人质疑：直接对数字艺术品的图片截图，或者直接复制图片，不是一样拥有了NFT作品吗？为什么还需要NFT作品本身？那么，同样的质疑也适用于实体艺术品。任何人都可以拍一张《蒙娜丽莎》的照片，或者创造出它的复制品，但它并不是艺术家的真实作品。人们愿意为原创作品支付溢价。NFT提供了可以被快速检查真伪的能力，这样人们就很难买到假的数字艺术品。如果数字艺术品是一个动态的艺术品（可编程的艺术品），复制这件艺术品就是很困难的事，对NFT直接截图的担忧就可以忽略不计。

用NFT做数字艺术品，另一个有趣的方面是，收藏者可以很容易地验证该数字艺术品的所有权历史。由于区块链上的数据是不可篡改的，收藏者可以很容易地验证自己手头的数字艺术品曾经被谁拥有过。想象一下，收藏者知道某个艺术品被显赫人物收藏过时，其价值可能会进一步被发掘。

游戏中物品

要理解游戏与NFT的结合，首先要理解游戏中物品的概念，以及面临的挑战。

众多流行游戏中，例如《反恐精英：全球攻势》（*Counter-Strike：Global Offensive*，以下简称*CS：GO*）和《刀塔2》（*Dota 2*）的游戏中物品，包括武器、盔甲和皮肤（超越你的盔甲或其他装备的设计），可作为游戏内物品出售。如果你想快速装备，而不是花费数小时的时间在游戏中赚取物品，你也可以购买各种装备。许多游戏玩家希望在游戏中拥有更强的能力和其他优势，并且不想等待。游戏开发者从满足这些需求的项目中获得了巨额利润，因为它们只是一些计算机代码。

玩家通常会在特定游戏的体验中积累多个物品。在某些时候，该玩家会想要转移到另一个游戏。游戏中物品市场开始出现，资深玩家可以将不再需要的物品出售给渴望为游戏做好准备并寻找合理价格的新玩家。此外，某些物品可能很稀有，并且在游戏中不再可用。根据各种报道，有人花了 10万到 15万美元购买了一款稀有的 *CS：GO* 皮肤。

"拥有"这些游戏中物品面临的问题是它们受制于游戏开发者的心血来潮。如果游戏的用户减少，开发者可能会停止支持它，从而使某些物品变得无用。如果你为一件稀有物品支付了大笔费用，而游戏开发者又创造出数千件该物品，你怎么办？如果你被禁止进入游戏怎么办？有些游戏不允许出售游戏中物品，如果被发现，你很可能会进入黑名单。此外，与许多行业一样，游戏中物品的二级市场上可能充斥着骗子。

将游戏中物品打造成NFT的形式，可以极大地提高游戏中物品的流动性、可转移性。同时通过NFT可编程的特性，可以创造出各种有趣的游戏中应用。

但是实现游戏中的物品交易可能会引发一些额外的问题：交易物品的能力会对游戏性产生负面影响，因为人们专注于从游戏中提取价值，或者只有那些愿意为物品付出大量金钱的玩家才能享受游戏。游戏《暗黑破坏神Ⅲ》（*Diablo Ⅲ*）有一个拍卖行，用户可以用游戏中物品来交换游戏中的货币和现金。由于它对游戏产生影响，因此它被开发者关闭了——因为玩家只专注于购买最好的战利品，而游戏本身的乐趣和回报大大下降。在《暗黑破坏神Ⅲ》中，拥有最好的战利品基本上是游戏的目标，所以拍卖行的存在严重影响了游戏性，而其他游戏则不是这样设置的。对于游戏开发者来说，重要的是找到一个平衡点，使他们的游戏可以自由交易（例如，可交易皮肤而不可交易武器，以及游戏时间本身可以交易，等等）。

将NFT与游戏相结合是一个非常新的尝试，而一切正处于发展的早期。

将NFT运用在游戏中比较好的例子有几个：《众神解脱》

（Gods Unchained）、《织天者》（SkyWeaver）、《黑暗森林》（Dark Forest）。

《众神解脱》《织天者》都是卡牌游戏，玩家在游戏中通过选择不同的卡牌进行对战，不同的卡牌会有不同的属性，玩家从而获取不同的游戏体验。卡牌可以通过升级获得，也可以通过购买NFT获得。通过升级而解锁的新卡牌，可以被其他玩家购买。两款游戏通过将卡牌NFT化，极大地激励了玩家升级的意愿。

《黑暗森林》是一个多人同时在线游戏，玩家可以探索不同的星球，在新的星球上收集神器NFT。这些神器NFT装备在星球上时，会给玩家带来属性加成。这些神器NFT可以在游戏中被发现和收集，玩家在战斗中赢得这些物品，然后在去中心化的市场上交易，可以使游戏更加有趣。

域名

在传统互联网域名中，我们通过域名访问一个网站或者服务。实际上域名起到一个转译的作用，将人们看不懂的IP地址转换为方便记忆的域名。例如http://220.181.38.251，基本很少有人知道这是什么，但http://baidu.com 大家可以很清晰地知道这是百度的网址，但实际上它们对于浏览器来说是完全相同的。

在区块链系统中对域名也有很强的需求。区块链中使用"地址"来区分每个人，而区块链中的地址是一长串随机的字符，比如"0xd8da6bf26964af9d7eed9e03e53415d37aa96045"。有了域名，人们可以快速地将其转换为地址，例如 输入 vitalik.eth，区块链系统就可以知道你找的人是"0xd8da6bf26964af9d7eed9e03e5341

5d37aa96045"。而vitalik.eth 这个域名，实际上就是一个NFT，而IP地址对这个域名有实际的控制权。

数字地产

数字地产是在虚拟世界中的地产。数字地产主要用于虚拟世界中稀缺的资源。目前最常见的虚拟世界平台有 Sandbox、Decentraland。用户通过网页、客户端、虚拟现实（VR）设备等介入虚拟世界平台，并在虚拟世界平台有一个可以操作的角色。在现有的虚拟世界平台中用户可以在自己的土地上建设，并和别人互动。人或公司都可以在数字地产上建造一些东西来吸引用户，如音乐会场所、艺术画廊或办公空间。地块上的建筑可以具有使其"宜居"的功能，如宜人的景色、合作的工具、娱乐系统等。例如NFT的收藏家可以建造一个展览馆，吸引大家来参观；或者游戏设计师可以设计一个密室逃脱游戏，吸引大家参与。数字地产的作用就是让用户在虚拟平台中拥有一块土地。这些土地的所有权本质上就是NFT。每一块土地都有独一无二的价值，价值的大小由地块的大小、地块的位置、虚拟平台的采用率等来决定。

Decentraland

　　土地的持有者可以使用土地构建各种建筑，也可以出租自己的土地。通过NFT，每块数字土地都可以被每个人真正拥有。

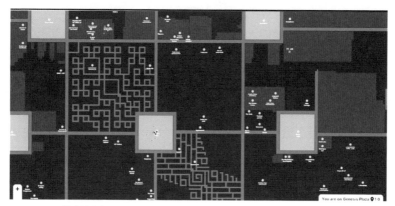

Decentraland 的土地分布

经济凭证

　　NFT还常常用于去中心化金融领域。很多金融资产天生具有NFT的特性，如银行定期存单等。由于每一张银行定期存单有不同的金额、利率、存款开始和结束时间，所以并不能互换。而将银行定期存单做成NFT可以提高存单的利用率。

　　和现实生活中的艺术品一样，数字艺术品可以当作去中心化金融抵押品，人们通过抵押一件数字艺术品而获得贷款。

　　除此之外，NFT可以使用在交易做市商中。在自动做市商中，Uniswap的算法决定了每个流动性提供者拥有不同的占比、开仓价格、平仓价格。根据流动性提供界面上可选择的资金池和使用者的参数，一个独特的NFT将被铸造出来，代表使用者在该特定资金池中的占比。作为这个NFT的所有者，你可以修改或赎回该流动性资金持有量。

这个NFT带有一个独特的链上生成的艺术品，该艺术品是完全在链上生成的可缩放的矢量图形（SVG），并从基础流动性资金持有量的属性中提取。

这个艺术品显示了关于持有者流动资金的最重要信息。当查看都有哪些所有权时，用户可以在Uniswap应用程序中查看自己的Uniswap V3 NFT。在NFT的顶部，可以看到货币对符号，在它的正下方是所选的交易对。在侧面，通证符号和池子的地址正在移动。在中间，有一条曲线。Uniswap上的通证是在联合曲线（Bonding Curve）上出售的，这一曲线的陡峭程度受到流动性供应商设置范围的影响。曲线的形状来自于流动性集中度以及通证

Uniswap 艺术品

最初存入的比例。而艺术品的颜色通过流动性资金持有量中两个通证的哈希值生成。

小结

本章主要介绍了NFT的字面含义、价值和使用的场景，下一章我们将深入了解NFT背后的技术。

第二章

NFT 背后的
技术

区块链、NFT 标准：NFT 是怎么被造出来的

要理解NFT是怎么工作的，首先需要知道NFT背后的技术：区块链、NFT标准。

我们先从三个方面来介绍区块链：区块链的作用，区块链是怎样工作的，NFT是怎样和区块链结合的。

区块链的作用

用术语来说，区块链可以被描述为一个数据结构，它包含交易记录，并确保安全、透明和去中心化。读者可以认为它是一个以区块形式存储的链或记录，不受任何单一机构的控制。区块链是一个分布式账本，对网络上的任何人都完全开放。信息一旦被存储在区块链上，就很难更改。

区块链上的每一笔交易都有一个数字签名，用来证明交易的真实性。使用数字签名，可以保证提交的交易难以伪造并且不可以被修改。

区块链技术允许所有的网络参与者达成协议，通常被称为共识。所有存储在区块链上的数据都以数字方式记录，并有一个共同的历史，它们可以被所有网络参与者看到。这样一来，任何欺诈活

动或重复交易的机会就被消除了，而这不需要第三方的帮助。

　　为了更好地理解区块链，我们来思考一个例子：某人需要向全世界各地的朋友汇款，这些朋友分别在俄罗斯、美国还有日本。他通常可以通过银行、PayPal或电汇等转账。这些转账方式涉及第三方，通常会有比较高的手续费。此外，在这样的情况下，他无法确保汇款的安全，因为黑客极有可能破坏网络并偷走他的钱，或者由于不同国家的法律管辖而被没收资产。

　　如果在这种情况下使用区块链，而不是使用银行转账，那么这个过程就会变得更加容易和安全。使用电汇转账需要20美元或者更多手续费，而某些加密数字货币网络转账手续费可以低至几美分。由于资金是由区块链使用者处理的，不需要第三方，因此没有涉及额外的费用。此外，区块链数据库是去中心化的，不局限于任何单一地点，这意味着区块链上保存的所有信息和记录都是公开和去中心化的。由于信息不是存储在同一个地方的，所以黑客没有任何破坏信息的机会。

　　同时，区块链也是商业运作的好选择。商业是靠信息运作的。信息接收得越快、越准确就越好。区块链是传递商业信息的理想选择，因为它提供了即时、共享和完全透明的信息，并将信息存储在一个不可篡改的账本中。区块链网络可以跟踪订单、付款、账户、交易等过程。由于参与者共享一个单一的真相视图，每个人都可以看到一个交易的所有细节，这可以产生更大的信心，以及新的效率和机会。

区块链是怎样工作的

　　区块链网络中的每个区块都存储了一些信息，以及其前一个区块的哈希值。哈希值是一串随机的数字，看起来像是0xa39f521ae68f9d1769553，属于一个特定的区块。如果区块内的信息被修改，区块的哈希值也会被修改。通过独特的哈希值将区块相连是使区块链安全的原因。

当交易发生在区块链上时，网络上有一些节点来验证该交易。这些节点之间会运行一套叫作共识算法的程序，来保证新生成的区块的一致性。在加密数字货币区块链中，这些节点被称为矿工，它们使用工作量证明的算法，以处理和验证网络上的交易。为了使交易有效，每个区块必须参考其前一个区块的哈希值。只有当哈希值正确时，交易才会发生。如果黑客试图攻击网络并改变任何特定区块的信息，区块上的哈希值也会被修改。

由于修改后的哈希值与原来的哈希值不一致，因此黑客的攻击会被发现。这确保了区块链是不可篡改的，因为对区块链的任何改变都会被反映在整个网络上，并很容易被发现，发现之后只需要拒绝接受即可。

简而言之，区块链处理交易的步骤如下：

首先，用户生成一个交易，并对交易进行数字签名。对交易数字签名之后将这个交易连同签名发送到区块链网络。

区块链网络中的节点收到交易后，开始验证交易的有效性。数字签名正确，内容与其他交易不冲突的交易算是有效的交易。

在验证交易有效性之后，众多节点将新的交易纳入一个新区块中。随后众多节点运行共识算法来对新生成的区块达成一致。在达成一致之后，节点将新的区块发布到区块链网络上。

网络上其他用户收到新的区块之后，可以很轻松地验证区块的真实性以及区块中包含交易的有效性。验证通过之后他们可以将新的区块纳入本地的区块链中。

NFT 是怎样和区块链结合的

前文一直在讲区块链的工作原理，但是区块链和NFT是怎么结合起来的？实际上，区块链公开账本中记录的信息可以是资产，而资产类型包括FT与NFT，所以区块链可以直接记录一个NFT。通过发送交易，用户可以在公开账本上创建、转移、修改一个NFT。

各式各样的区块链

现在有各种各样的区块链，不同区块链有不同的特性、应用。我们来一一介绍，看看这些区块链和NFT之间的关系。

比特币

比特币作为一种去中心化的加密数字货币于2008年首次推出，它不需要中央银行或任何中介机构就可以通过比特币网络向用户发送和接收，比特币网络是一个点对点的网络，其中交易由节点认证并记录在区块链上。比特币上面只能写有限的程序，因此其发行的NFT不多。

以太坊

以太坊提供了一个内置成熟的图灵完备编程语言的区块链，可用于创建"合约"，也可用于编码任意的状态转换功能，允许用户创建任何带有逻辑的代码。通过一些预先商定的标准，在以太坊上可以发行任意的资产。通过实现ERC721标准，可以在以太坊上发行NFT。

波卡

孤立的区块链只能处理有限的交易。而Polkadot（波卡）是一个多链网络，这意味着它可以并行地处理几个链上的许多交易，消除了传统网络上逐一处理交易的瓶颈问题。这种并行处理能力大大提高了可扩展性，为提高采用率和未来增长创造了合适的条件。连接到Polkadot的分片链被称为"Parachains"，它们在网络上并行运行。

当涉及区块链架构时，所有的区块链都会针对区块链的功能做出权衡，以支持不同的功能和用例。例如，一个链可能会优化身份管理，而另一个链可能会优化文件存储。在Polkadot上，每个区块链都可以有一个优化特定用例的新颖设计。这意味着区块链可以提供更好的服务，同时还可以通过省去不必要的代码来提高效率和安全性。通过建立在Substrate开发框架上，团队可以比以前更快、更有效地开发和定制其区块链。

Polkadot上的网络和应用程序可以像智能手机上的应用程序一样共享信息和功能，而不需要依赖具有可疑数据及处理的集中式服务提供商。与以前主要作为独立环境运行的网络不同，Polkadot提供互操作性和跨链通信。这为创新的服务打开了大门，允许用户在两个链之间传输信息。例如，一个提供金融服务的链可以与另一个提供真实世界数据访问的链（被称为Oracle）通信，如用于代币化股票交易的股市价格反馈。

目前Polkadot上的NFT主要模仿以太坊上的ERC721标准。

雪崩

Avalanche（雪崩）的主要创新在于共识算法的改进，以及引用子网功能来实现网络的可扩展性。

在共识算法方面，Avalanche不是单一的矿工（或验证者）集，而是由许多区块链和验证者集组成的异质性网络。通过实施一个新的共识协议，它在几秒钟内就实现了最终结果，并提供了与比特币网络等待6个区块确认，或者以太坊网络等待30个区块确认相同的安全保证。而且Avalanche的子网络可以根据特定的司法管辖区进行配置，允许符合监管的资产。

由于Avalanche出色的吞吐能力，目前Avalanche上的NFT主要集中在游戏领域。

Flow

Flow 由Dapper Labs公司研发，Dapper Labs曾经创立ERC721标准，并开发出Crypto Kitties项目。

Flow有一个流水线架构，将通常由一个节点完成的工作分离到五个不同的节点，大大减少了冗余的工作，提高了效率。为了支持这种方法，Flow团队开发了一种新的加密技术，被称为保密知识的专门证明（SPoCKs），以解决验证者的困境。

Flow团队重新思考了许多其他的设计选择，以提高开发人员和使用者的可用性，包括可升级的智能合约、人类可读的安全性等。其结果是所有智能合约的单一共享状态，确保每个交易都有完整的ACID（Atomicity，原子性；Consistency，一致性；

Iso lation，隔离性；Durability，持久性）保证。这种方法使开发人员能够安全、轻松地工作在彼此的代码之上，以更快的速度创造全新的产品和服务。这就是所谓的可组合性。与开放源码软件类似，可组合性使开发者能够更快地创新，最终实现更多的消费者选择。

目前Flow上发行的NFT包括NBA Top Shot、奥组委纪念品、Billboard纪念品等。

NFT 标准：ERC721、ERC1155 以及更多

标准是使NFT强大的部分原因。它们为开发者提供了资产将以特定方式行事的保证，并准确描述了如何与资产的基本功能互动。

以太坊上的NFT标准：ERC721、ERC1155。

ERC721

由Crypto Kitties开创的ERC721是第一个代表不可伪造的数字资产的标准。ERC721是一个可继承的Solidity⊖智能合约标准，这意味着开发人员可以通过从OpenZeppelin库中导入，轻松创建符合ERC721的新合约。ERC721实际上是相对简单的：它提供了唯一标识符（每个标识符代表一个资产）与地址的映射，地址代表该标识符的所有者。ERC721还提供了一个许可的方式（transferFrom方法）来转移这些资产。

⊖ 一门面向合约的、为实现智能合约而创建的高级编程语言。

```
interface ERC721 {
  function ownerOf(uint256 _tokenId) external view returns (address);
  function transferFrom(address _from, address _to, uint256 _tokenId)
external payable;
}
```

这是ERC721的程序，它包含两个方法。这两个方法实际上就是表示NFT所需要的全部：一个检查谁拥有什么的方法（ownerOf）和一个转移NFT的方法（transferFrom）。ERC721标准还有一些其他的小零件和功能，其中一些对NFT市场非常重要。

ERC1155

ERC1155由Enjin团队首创，为NFT世界带来了半可分割的理念。通过ERC1155，ID代表的不是单一资产，而是资产类别。例如，一个ID可以代表游戏道具"剑"，而一个钱包可以拥有1000把这样的剑。在这种情况下，balanceOf方法将返回一个钱包所拥有的剑的数量，用户可以通过调用"剑"的ID的transferFrom来转移任何数量的这些剑。

这种类型的系统的一个优势是效率：在ERC721中，如果用户想转移1000把剑，他们需要为1000个独特的代币修改智能合约的状态（通过调用transferFrom方法）；有了ERC1155，用户只需要调用数量为1000的transferFrom，并执行一次转移操作。当然，这种效率的提高伴随着信息的损失，我们不能再追踪单个剑的历史。

还要注意的是，ERC1155提供了ERC721功能的超集，这意味着一个ERC721资产可以使用ERC1155来构建（你只需为每个资产设置一个单独的ID和数量1）。由于这些优势，我们最近看到越来越多的人采用ERC1155标准。OpenSea最近在GitHub上开发了一个储存库，用于ERC1155标准。

```
interface ERC1155 {
    function balanceOf(address _owner, uint256 _id) external view returns
(address);
    function transferFrom(address _from, address _to, uint256 _id, uint256
quantity) external payable;
}
```

对比ERC20、ERC721和ERC1155标准，ERC20将地址映射到金额，ERC721将唯一的ID映射到所有者，而ERC1155有一个从ID到所有者再到金额的嵌套映射。

可组合性

在ERC998标准的引领下，可组合资产提供了一个模板，通过这个模板，NFT可以拥有不可替代和可替代的资产。目前只有几个可组合的NFT部署在主网上，但是这个标准在游戏应用中会有极大的发展可能。

例如：一只加密猫可能拥有一个挠痒痒的柱子和一个喂食的盘子，盘子里可能包含一定数量的可替代的"饲料"代币。如果用户卖掉了加密猫，他就卖掉了加密猫的所有财物。

其他区块链上的 NFT 标准

尽管目前大部分NFT的购买和销售发生在以太坊上，但NFT不一定仅仅存在于以太坊区块链上。除了上述的ERC标准外，还有各类NFT标准部署在不同的区块链上。由Mythical Games团队开创的DGoods，专注于从EOS[⊖]开始提供一个功能丰富的跨链标准。Cosmos项目也在开发一个NFT模块，可以作为Cosmos SDK的一部分加以利用。而由Navinia Labs提出的标准，可以用在各类未花费的交易输出（Unspent Transaction Output，UTXO）为模型的区块链中。

小结

本章主要介绍了区块链的原理、各类区块链的特点以及对应NFT的应用。除此之外，本章还介绍了NFT的标准。希望读者可以进一步了解NFT的技术，并可以据此选择自己的NFT发行平台。

⊖ Enterprise Operation System，即为商用分布式应用设计的一款区块链操作系统。

第三章

NFT 简史

如果你看到了这里，说明NFT已经引起了你的兴趣。下面我们将按照时间顺序，来简单聊一聊NFT的发展历史。

2012 年—2016 年：NFT 的早期历史

NFT 概念的出现

早在以太坊出现之前，NFT前身的概念就已经出现了。

2012年，Meni Rosenfield发布了一篇论文，为比特币区块链引入了"彩色硬币"（Colored Coins）概念。

彩色硬币描述的是一类在区块链上代表和管理真实世界资产的方法，以证明这些资产的所有权。彩色硬币类似于普通的比特币，但增加了决定其用途的"代币"元素，使它们被区分开来。

彩色硬币由小面额的比特币组成，最小单位为一聪（比特币的最小单位）。它可代表多种资产并具有多样用途，包括财产、优惠券、发行公司股份、订阅、访问通证等。

彩色硬币体现了比特币功能的巨大飞跃，然而，它们的缺点是，只有当每个人都认同其价值时，它们才能代表某些价值。比特币的脚本语言从来没有打算在其网络中启用这种类型的行为，因此彩色硬币只赋予参与者最小的权力。

例如，有3个人认同100枚彩色硬币代表100股公司股票。之后，如果哪怕有一个参与者决定他们不再将彩色硬币等同于公司股票，那么整个系统就会分崩离析。

虽然彩色硬币在设计上仍然存在着很多缺陷，并且比特币的局限性意味着彩色硬币的概念永远无法实现，但是它确实展现出了现实资产上链的可塑性及发展潜力，这奠定了NFT的发展基础。

第一个NFT

历史上第一个NFT是由Kevin McCoy于2014年在Namecoin区块链上铸造的，他的艺术作品被命名为《量子》（*Quantum*）。到2021年，这件独一无二的艺术作品在数字拍卖会上以700万美元的价格售出，这件最初受到质疑的艺术作品现在已成为历史。

《量子》是一个八边形的像素化图像，其中填充了圆形、弧形和其他形状，它们共享相同的中心，较大的形状围绕着较小的形状，并以荧光色调闪烁。

据报道，当 Kevin 第一次展示他的作品时，观众们对这个想法嗤之以鼻。我们仍然

《量子》

可以在一定程度上发现其与今天NFT的主流概念的相似之处。现在，Kevin 和他的NFT作品因首次尝试新技术而受到高度尊重和认可。

在这些事件之后，人们进行了大量的试验和开发，在比特币区块链之上开始建立了一些平台；在以太坊区块链上，也渐渐有了NFT的最初形态。

交易平台的建立

彩色硬币的创建使许多人意识到将资产发行到区块链上的巨大潜力。然而，人们也明白，在比特币当前的迭代中，不能够启用这些附加功能。

2014年，Robert Dermody、Adam Krellenstein和 Evan Wagner创立了Counterparty。它是一个点对点的金融平台，并在比特币区块链上建立了分布式开源互联网协议。

Counterparty 支持资产创建，拥有去中心化交易平台、合约代币（XCP）及许多项目和资产，包括卡牌游戏和 Meme交易。

Spells of Genesis 紧随 Counterparty 的脚步，开始在游戏内资产发行方面处于领先地位。

2015 年 4 月，Counterparty 与Spells of Genesis的团队创作建立了合作关系。Spells of Genesis游戏的创作者不仅是通过Counterparty 将游戏内资产发行到区块链上的先驱者，而且他们也是最早一批发起首次代币发行（ICO）的人。创作者们通过引入他们自己的游戏内货币BitCrystals，来资助 Counterparty 的开发。

新趋势的出现

2016 年 8 月，新趋势开始出现。

Counterparty 与流行的集换式卡牌游戏《愿望之力》（*Force of Will*）合作，在 Counterparty 平台上推出了它的卡牌。

《愿望之力》是北美销量排名前列的纸牌游戏，仅次于《宝可梦》《游戏王》和《魔法：聚会》。

　　这次合作活动有着非常重要的意义。因为Force of Will公司是一家大型游戏公司，之前并没有区块链或加密货币经验。通过这次合作，该公司进入区块链生态系统，这也标志着将此类资产放在区块链上的价值。

　　在此之后，表情包开始进入区块链领域。真正推动 NFT出现的便是在 Counterparty 上创建的"Rare Pepes"——将热门 Meme 悲伤蛙做成了NFT 的应用。

　　2016 年 10 月，"模因"（Meme，也称为"梗图"）开始进入 Counterparty 平台。这里说的模因，其实就是一种表情包、一张图片、一句话，或者一段视频、一个动图，可以被简单地理解为我们熟知的"梗"。

　　人们开始将资产添加到一个名为"Rare Pepes"的特定模因中。

Pepe the Frog

　　"Rare Pepes"是一个以有趣的青蛙角色为特色的模因，多年来收获了大量的粉丝。它最初是一个名叫"Pepe the Frog"的漫画人物，现在已经稳步成为互联网上最受欢迎的模因之一。

　　2016年是Meme的重要年份。然而，需要特别注意的一点是，比特币区块链从未打算被用作代表资产所有权的代币的数据库，因此 NFT开始向以太坊区块链转变。

2017 年—2020 年：NFT 成为主流

以太坊的崛起

随着以太坊在 2017 年年初的声名鹊起，模因也开始在那里交易。

2017 年 3 月，一个名为"Peperium"的项目被宣布成为"去中心化的模因市场和交易卡游戏（TCG），它允许任何人在IPFS[⊖]和以太坊上创建永恒存在的模因"。与 Counterparty 类似，Peperium 也有一个相关的代币，美股的股票代码为 RARE，用于创建模因和支付上市费用。

2017年3月，Rare Pepes搬到了以太坊上交易。

Portion 的创始人 Jason Rosenstein 和 Louis Parker 在首届"Rare Digital Art Festival"上举办了第一场 Rare Pepes 现场拍卖会。

数字艺术也诞生于Rare Pepes 的钱包，世界各地的创作者第一次可以提交和出售自己的艺术品，数字艺术也从此具有了内在价值。2020 年 3 月，其中最稀有的pepe以 205 ETH（以太币）的价格售出，这在当时相当于32万美元。此次出售也促进了 NFT 和加密世界的发展，鼓励越来越多的人认同和欣赏数字资产的价值。

以太坊 NFT 的第一个试验

2017 年，正值以太坊生态开始发力之时，原本两个不在加密货

⊖ IPFS：InterPlanetary File System，星际文件系统。

币圈子的开发者机缘巧合之下带着10000多个像素头像来到了这个生态当中，并由此开发出了世界上第一个NFT项目——CryptoPunks。

CryptoPunks

原本是做移动 APP 开发的两人，John Watkinson 和 Matt Hall，在2017年年初制作了一个像素角色生成器，并创造了许多很酷的像素角色头像。

头像数量被限制为10000个，并且没有任何两个头像是相同的，其灵感来自伦敦朋克文化和赛博朋克运动。

当他们在想围绕着这些头像还能进一步做一点什么事的时候，他们关注到了区块链和当时正靠着 ERC20 标准逐渐火热的以太坊。于是他们决定将这些像素头像放到区块链上，让这些本身十分具有个性的像素头像通过区块链的特性得以验证，并让它们可以被他人拥有或者允许被他人转给其他人。

他们将自己的项目称为"CryptoPunks"，作为对 20世纪90 年代比特币前身的"CypherPunks"的致敬。

最初，他们没有看到任何"水花"——即使他们选择让任何拥有以太坊钱包的人都可以免费领取CryptoPunk，公众的反应也相当平静。直到突然在 24 小时内10000个头像被迅速认领完，并由此打开了一个繁荣的二级市场，人们开始在这里买卖它们。

最初，CryptoPunks 的售价仅为几美元，如今，CryptoPunks 价值数千美元，在某些情况下甚至能够达到数百万美元。它们是 NFT 的主要收藏品，也是整个网络空间中最受欢迎的头像。

今天，鉴于其有限的供应和在早期采用者网络社区（以下简称社区）中的强大品牌，CryptoPunks可能仍然是真正数字"古董"的最佳候选者。此外，CryptoPunks依赖于以太坊网络，这使得它们可以与市场和钱包互通有无，这也降低了与NFT互动的门槛。

有趣的是，CryptoPunks 并未遵循 ERC721 标准，因为那时候专门面向 NFT 领域的ERC721 或者 ERC1155通证标准还并未诞生，但由于其局限性，它们也不完全是遵循 ERC20标准的，两位开发者通过对 ERC20 标准的适当修改，最终将这些极具朋克精神的像素头像成功地搬到了以太坊上。

因此，最好将 CryptoPunks 描述为 ERC721 和 ERC20 的混合体。

由此，世界上真正意义上的第一个 NFT 项目诞生了。它开创性地将图像作为数字资产带入了加密货币领域里，在当时各类通证满天飞的时候，它作为一股清流给了众多从业者新的启发。

加密猫的诞生

随着创新项目 CryptoPunks 在以太坊上被炒得风生水起，这种非同质化的通证也带来了新的思潮。

Dapper Labs团队受到 CryptoPunks 的

Crypto Kitties

启发，推出了专门面向构建非同质化通证的 ERC721 标准，并且随后基于 ERC721，在全球最大的以太坊黑客马拉松期间，Dapper Labs 团队推出了一款叫作加密猫（Crypto Kitties）的游戏。

该团队在发布 alpha 版本时，已经为这个项目工作了几个月，有超过 400 名开发者出席，这是介绍游戏的最佳地点和时间。加密猫项目在以太坊黑客马拉松中获得了第一名，也因此，加密猫游戏迅速走红。

加密猫是第一个使用新的NFT技术标准的项目，同时也是最早进入区块链的游戏。

加密猫是一款基于以太坊区块链的虚拟游戏，游戏允许玩家收养、繁殖和交易虚拟猫咪，并将它们存储在加密钱包中。

这些猫咪具有独特的属性：眼睛形状、眼睛颜色、毛发图案、尾巴类型、腹部毛发、眉毛、嘴巴、下巴、胡须和表情。

更有趣的是，用于繁殖这些毛茸茸的小可爱的基因算法与生物遗传学的原理相似。用两只小猫一起可以繁殖出由父母基因组合而成的新品种。猫咪的世代越低，成本越高，因为第一代猫咪是在2017年孵化出来的，数量不超过5万只。

加密猫在价值塑造的呈现方式上的创新，使其迅速走红，并成为市场的主流，甚至造成了以太坊区块链的拥堵，从此NFT开始大行其道。

虽然游戏界的一些人后来给加密猫贴上了"不是真正的游戏"的标签，但考虑到区块链的设计限制，其项目团队实际上做了很多工作来开创链上的游戏机制。

首先，项目团队建立了一个链上繁殖算法，隐藏在一个闭源的智能合约中，以决定一只猫咪的遗传密码（这反过来决定了它的"属性"）。

加密猫项目团队还通过一个复杂的激励系统来确保繁殖的随机性，并有远见地保留了某些低级别ID的猫咪，以便以后作为促销工具使用。

此外，加密猫项目团队开创的荷兰式拍卖合约，后来成为NFT的主要价格机制之一。加密猫项目团队的非凡远见在早期给NFT发展带来了巨大的推动力。

我们认为加密猫的巨大成功可以归结为以下几点。

投机机制

加密猫游戏的繁殖和交易机制创造了一条清晰的获利途径：买下几只猫咪，繁殖出更稀有的猫咪，将它们交易掉，重复之前的操作（或者干脆买下一只稀有猫，等待未来的升值）。

这促进了繁殖者社区的发展，特别是对于那些致力于繁殖和转手稀有猫咪的玩家。只要有一批新的玩家加入游戏，猫咪的价格就会上升。

在最狂热的高峰期，加密猫的成交量接近5000个ETH，其中18号原始猫以253个ETH（出售时相当于11万美元）售出。这一销售价格后来被600ETH的"龙"猫所超越，当时的价格是17万美元（2018年9月），尽管许多人猜测"龙"猫的交易是非法的。

这些超高价交易吸引了越来越多的用户加入加密猫游戏中来。

引人入胜的故事

加密猫游戏成功的另一点是引人入胜的故事。加密猫是可爱的、可分享的、有趣的 —— 而花费1000美元来购买一只数字猫咪的想法是如此荒谬,以至于它可以成为一个新奇的故事。

此外,智能合约的狂热用户"挤破了以太坊",这本身也是一个故事。由于以太坊一次只能处理有限数量的交易(大约15个/秒),网络更高的吞吐量导致了待处理交易池的增长和区块链网络手续费的上涨。日均待处理交易量从1500个上升到11000个。新的潜在猫咪买家需要支付天文数字的费用,同时还需要数小时等待他们的交易被确认。

不过,这些因素也导致了"加密猫泡沫":新的需求进入加密猫世界导致价格上涨,价格上涨又带来新的需求。

当然,所有泡沫最终一定都会破裂。2019年12月初,加密猫的平均价格开始下降,成交量也在下降。许多人意识到,相对于"真正的游戏",加密猫的玩法太过于原始,除了投机者之外,不会有真正的游戏爱好者加入其中。一旦新鲜感消失,市场就会受到影响。现在,加密猫每周大约只有50个ETH的交易量。

在见证了加密猫社区内的活动并看到顶级投资者向 Dapper Labs 投入资金后,人们开始意识到 NFT 的真正力量。随着加密猫的巨大成功,NFT游戏开始真正获得动力,并随着 NFT越来越受到公众的关注而向前发展。

再次回归建设

2018年年初,加密猫才稍显平静,"加密名人"(Crypto

Celebrities）项目又迎风而来。

加密名人也是一个区块链游戏，用户可用ETH购买虚拟的名人，例如以太坊创始人Vitalik Buterin和Justin Bieber。

假如用户购买了一个虚拟名人，之后有其他用户出价更高，该虚拟名人则会被立即转让，并且原主人不能拒绝。虚拟版的中本聪被转手了33次，目前报价16694.24美元，而其初始价格仅10美分，价格暴涨了16万倍。

然而，如果你被抓到是最后一个持有该名人的人，你就会有损失，类似于"烫手的山芋"。

目前，Vitalik Buterin和中本聪是这个平台最贵的两个"加密名人"，但所有者都是Francis。排名第一的用户mfs7772购买了21份合约，目前价值63.12ETH；排名第二的用户cheshirecat购买了32份合约，目前价值52.97ETH。

Francis只购买了两个合约，但在全站的排名已达到了第三位，目前价值为47.31ETH。

虽然加密名人游戏可能损害了整个NFT空间，但从中我们可以发现，关于定价和拍卖机制的试验依然是NFT空间中令人兴奋的一部分。

2018年，风险投资和加密货币基金也开始对NFT空间产生好奇心。

2018年，加密猫从顶级投资者那里筹集了1200万美元和1500万美元两笔资金；Farmville的联合创始人创办的Rare Bits在年初筹集了600万美元；区块链游戏工作室Lucid Sight筹集了600万美元。

Forte与Ripple筹集了1亿美元的区块链游戏基金；Immutable

（*Gods Unchained* 背后的公司）从Naspers Ventures和Galaxy Digital筹集了1500万美元的资金；Mythical Games为EOS上的旗舰项目Blankos Block Party游戏筹集了由Javelin Venture Partners领导的1900万美元的资金。

随后，NFT 项目在 2018 年年初经历了一个小的热潮后，开始进入另一个建设阶段。nonfungible.com这个网站推出了一个 NFT市场追踪平台，并整合了"非同质化"这个术语作为主要术语来描述新的资产类别。

2018年—2019年，NFT生态实现了大规模增长，此时这个空间里有100多个项目，而且还有更多的项目正在进行中。

在 OpenSea 和 SuperRare 两个交易平台的引领下，NFT 市场正在蓬勃发展。虽然与其他加密货币市场相比，NFT市场的交易量还很小，但它以很快的速度增长，并取得了长足的进步。

随着像 Metamask 一样的 Web3.0钱包的不断改进，加入NFT生态变得更加容易。现在有一些网站，比如 nonfungible.com 和nftcryptonews.com，它们深入探讨了 NFT 的市场指标、游戏指南，

2018 年—2019 年 NFT 生态

并提供有关该领域的标准信息。

这张来自 The Block 的图片很好地说明了当时的 NFT 生态。

数字艺术平台开始发展

当艺术界开始对NFT感兴趣，数字艺术平台就应运而生。

使得实体艺术有价值的一个核心部分是能够可靠地证明一件作品的所有权，并将其展示在某处，而这在数字世界中从未如此真实。一群兴奋的数字艺术家开始进行试验。数字艺术变成了NFT的一个自然选择。

OpenSea、SuperRare、 Known Origin、MakersPlace 和 Rare Art Labs 都建立了用于发现和发布数字艺术的平台，而 Mintbase 和 Mintable 开发了一些工具，帮助普通人轻松地创建自己的 NFT。

其他艺术家如Joy和Josie部署了他们自己的智能合约，为自己在这个领域创造了真正的品牌；Cent，一个拥有独特的小额支付系统的社交网络，成为人们分享和讨论数字艺术的流行社区。

此外，虚拟世界扩展、交易纸牌游戏、去中心化域名服务等其他试验也在兴起。

2018年，Digital Art Chain上线。它允许用户从他们上传的任何数字图像中铸造NFT。

同年，一个名为Marble Cards的项目在Digital Art Chain基础上增加了一个有趣的变化：允许用户在一个名为"Marble"的过程中，可以基于任何URL来创建独特的数字卡。数字卡将

《永远的玫瑰》

根据URL的内容自动生成一个独特的设计和图像，不过这也导致了数字艺术界对数字艺术的"Marble"化产生一些争议。

看似不显眼的运动在加密货币社区掀起风暴，并慢慢影响到更主流的艺术。这种影响在2018年情人节达到了一个拐点，当时艺术家Kevin Abosch与GIFTO合作进行了一次慈善拍卖。

这种合作关系使一件名为"永远的玫瑰"（*The Forever Rose*）的CryptoArt的交易价格达到了100万美元。

Abosch继续提高价格，他开始在一个名为"IAMA Coin"的项目中使用以太坊区块链与他的作品相结合。

Abosch并不是唯一采用这种令人兴奋的表达方式的艺术家，NFT已经慢慢地得到了艺术家们的青睐，并不断扩展着他们的创作边界。

2019年，铸币工具明显成熟，尽管其在发展过程中仍面临挑战。

Mintbase和Mintable建立了专门的网站，使普通人能够轻松创建自己的NFT；Kred平台让有影响力的人可以轻松地创建名片、收藏品和优惠券，并且Kred还与CoinDesk的Consensus合作，为用户创建一个数字NFT"Swag Bag"物品；而OpenSea则创建了一个简单的页面管理器，以部署一个智能合约，并将NFT铸入其中。

NFT 市场的初步爆发

继加密猫之后，传统的IP拥有者在加密货币收藏品领域也进行了几次尝试。

MLB与Lucid Sight合作，推出了*MLB Crypto*，这是一款链上棒球游戏。

一级方程式赛车与Animoca Brands合作推出*F1 Delta Time*，其中由OpenSea作为平台的某款赛车卖出了10万美元的价格。

《星际迷航》在Lucid Sight开发的游戏*Crypto Space Commanders*中推出了一套飞船；几家授权的足球交易卡公司也接连上线，包括Stryking和Sorare。

最大的实体收藏品销售商之一Panini America宣布推出基于区块链的交易卡收藏品；MotoGP也宣布将与Animoca合作，开发一款区块链游戏。

在此基础上，日本的加密游戏在提升游戏性方面起到了先锋作用，吸引了不少圈外玩家的加入。

《我的加密英雄》（*My Crypto Heroes*）是一款以复杂的游戏内经济为特色的角色扮演游戏，一经面世，就在DappRadar的排行榜上名列前茅。

《我的加密英雄》

《我的加密英雄》是第一批将链上所有权与更复杂的链下游戏相结合的游戏之一。用户可以在游戏中使用他们的英雄，然后当他们想在二级市场上出售这些英雄时，再将它们转移到以太坊。

新冠肺炎疫情期间，英美等国政府选择了发放货币刺激经济的手段。短期之内，传统的投资方案失去了吸引力，更多投资者在风险投资上变得大胆，进而将目光投向看似蓝海的领域，Flow公链上线、NFT 与 DeFi 的结合实现了 GameFi —— NFT 迎来了它的春天。

数字艺术家 Beeple 从 2007 年开始每天作图一张，最终把 5000

张图片拼接成一个 316 MB 的 JPG 文件，并将其作为 NFT 出售。这个耗时 14 年创作的作品《每一天：前5000天》，最终以约 6934 万美元的价格在著名拍卖平台佳士得上卖出。

Beeple 创纪录拍卖后，Zion Lateef Williamson、村上隆、Snoop Dogg、Eminem、Twitter CEO、Edward Joseph Snowden、Paris Hilton等各界明星或艺术家纷纷通过各种 NFT 平台发布了 NFT，再一次将 NFT 推向大众视野。

虚拟世界不断扩张

新的区块链原生虚拟世界开始逐渐为土地所有权和世界内资产提供NFT。

Decentraland　测试版

Decentraland是一个由区块链驱动的虚拟现实平台，也是第一个完全去中心化、由用户所拥有的虚拟世界。

Decentraland采用ERC20标准的MANA。用户可以通过MANA购买Decentraland中最重要的资产——土地（Land），以及其他出现在这个世界里的商品及服务。

土地是Decentraland 内的3D 虚拟空间，一种以太坊智能合约控制的非同质化（ERC721）数字资产。

土地被分割成地块（Parcel），并用笛卡儿坐标（x, y）区分，每个土地代币包括其坐标、所有者等信息。

每个地块的占地面积为16m × 16m（或52ft × 52ft），其高度与土地所处地形有关。

地块永久性归社区成员所有，可以用MANA购买。用户可以在自己的地块上建立静态3D场景、交互式应用或游戏等。一些地块被进一步组织成主题社区或小区（Estates）。通过将地块组织成小区、社区，可以创建具有共同兴趣和用途的共享空间。

区块链的应用不仅使得Decentraland中的一切产权和交易行为都有迹可循，也使得用户能够通过集体投票成为其真正的主人和治理者。

Decentraland作为以太坊上最先发展起来的Metaverse类游戏项目之一，拥有良好的先发优势。Metaverse的"宏大"是它的优点。正是因为这份"宏大"，Decentraland能够为各类用户提供在这个世界里体验、创建的空间，每一个用户都能在这里找到自己的位置。

CryptoVoxels，另一个虚拟世界项目，采取了一种更精简的方法。

与 Decentraland 不同的是，CryptoVoxels 没有加密货币。其用户可以买卖并建造虚拟美术馆、商店以及你能想象到的任何东西。网站内置了编辑工具，支持真人虚拟形象和文字聊天。

希望读者能够通过这段简洁的介绍了解虚拟土地和其他NFT等数字资产将在区块链上永久得到保护。

CryptoVoxels

CryptoVoxels的初衷是利用个人、社群的创造力打造美术馆、商店等艺术性社交的场地。同时作为一款基于以太坊的区块链沙盒游戏，CryptoVoxels也承载了人类关于数字平行宇宙的瑰丽幻想：该游戏一方面是由 ERC721通证的地块组成，另一方面是由Minecraft风格的体素构成。

CryptoVoxels（以及Decentraland）最令人兴奋的元素是能够在世界范围内炫耀你所拥有的NFT。收藏爱好者已经在其中创建了Crypto Kitties博物馆、赛博朋克艺术馆等，以及可以为你的化身购买可穿戴物品的虚拟世界内的商店。

CrypoVoxels在数字艺术家中迅速普及，特别是在Cent的用户中——这是一个专注于加密货币人群的新内容平台。一些数字艺术家甚至正在创造他们自己的货币，或使用Roll的"社会货币"——这是一个应用程序，可以很容易地部署一个新的ERC20通证。这些数字艺术家把他们的艺术作品以社会货币的形式出售。

此外，其他的虚拟世界项目也已经登场，包括Somnium Space以及High Fidelity，这是一个来自"第二人生"的创造者的项目。

Sandbox为类似Roblox的宇宙推出了土地销售功能，旨在赋予建设者和内容创作者权力，这也是最令人期待的区块链游戏之一。

卡牌类 GameFi 不断发展

卡牌类游戏从一开始就被认为很适合NFT，也是最早应用区块链技术的游戏种类之一。

加密卡牌的独特之处在于卡牌本身作为NFT，是可交易的物品，并且在游戏中还有其相对应的独特属性与技能。通常官方也无法定义卡牌的实际价值，只能定义卡牌的基本属性、数量、获得概率。这些卡牌的价值将由所有玩家共同决定。

例如《炉石传说》（*Hearthstone*），理论上可以为其卡牌建立一个游戏内的市场，但这非常烦琐，而且不一定与销售新卡包的商业模式一致。利用区块链技术就可以解决这个问题，实现即时的二级市场，就可以让交易在游戏之外运作。

Immutable工作室在其500万美元的卡牌预售之后，就推出了《众神解脱》，它也被称为是链游版的《炉石传说》。

《众神解脱》

这是一款建立在以太坊上的卡牌游戏，与任何其他卡牌游戏一样，玩家可以轮流对抗对手，输赢取决于玩家拥有的牌，以及玩家如何出牌。

Immutable工作室在游戏推出前的很长一段时间内，"锁定"住了卡牌。换句话说，在这段时间里，虽然第三方市场允许用户将卡牌出售，但实际上任何人都无法购买，因为它们不能被转让。当卡牌刚刚能解锁时，超过130万美元的二级交易量瞬间涌现出来。

此外，其他几个卡牌游戏也在悄悄地建立自己的粉丝社群。

Horizon Games的《织天者》筹集了375万美元的种子轮，并发布了公开测试版；Epics开发了第一个基于区块链的可收集的电竞交易卡；*CryptoSpells*，一个来自日本的交易卡游戏，也逐渐在日本交易卡市场中处于领先地位。

NFT 与域名服务

NFT的第三大"资产类别"（仅次于游戏和数字艺术）——命名服务，也开始蓬勃发展。这种命名服务类似于".com"域名，但它是基于去中心化技术的。

以太坊的域名服务（Ethereum Name Service，ENS）是一个基于以太坊区块链的可扩展、分布式和开放式命名系统，主要服务于人类可读的映射名称，由以太坊基金会资助。

ENS允许用户注册.eth域名并将其链接到以太坊资源，如智能合约、钱包地址等。鉴于附加到此类资源的复杂命名系统，这是一个特别有用的应用程序。

我们知道以太坊的地址是0x开头的很长一段字符串，我们平常人别说能把它记忆下来，就是粘贴出来看，确认这串字符是不是自己的地址，恐怕都比较困难。

而使用ENS后，举个例子，我们可以用nft.eth这个名称来代表0x089c6a11d219ef647ac915ed2cdb8405e90f9982这个机器识别的地址，这样是不是就简单多了？

目前，ENS域名已经扩展到多币种上面，这大大扩展了地址支持的范围，使用户可以通过一个.eth域名来连接任何以太坊上的币种。

ENS智能合约已兼容ERC721，这意味着ENS域名可以在开放的NFT市场上进行原生交易。

在2019年10月，ENS对3~6个字符的域名进行拍卖。总共有50355次出价，涉及7670个域名，所有中标的总价值为5698.97 ETH。

Unstoppable Domains也为用户提供了在以太坊和Zilliqua区块链上托管站点的机会。不过相比较于ENS，Unstoppable Domains更加专注于转账。

用户只需将.crypto或.zil添加到相应的Unstoppable Domain中，即可导航到分布式互联网的不同部分。也就是说，用这个功能，不仅可以发送ETH，还可以发送任何加密货币。

BitDNS域名系统与传统域名服务的基础架构不同，它的智能合约可以取代多数注册机构的角色及流程。

任何机构与个人都可以依据注册机构的规则来创建子域名。解析器扮演翻译角色，将域名转换成哈希地址和一些主流公链地址。基于跨链的设计，BitDNS能够服务已有的公链生态，如以太坊、IPFS等，使文件访问、按地址转账、智能合约调用更方便、更快捷。

除了满足"等价于"传统DNS域名的功能以外，相比于ENS和Unstoppable Domains，BitDNS还实现了连接传统信息互联网和区块链价值网络的功能，支持传统域名解析、用户身份认证、去中心化加密邮箱、去中心化边缘计算、去中心化应用商店（DAPP）等场景化落地应用。

对于用户来说，BitDNS域名系统开放生态，包括分布式网站、点对点加密邮箱/即时通信、社交关系网络、视频会议、分布式信息流、短视频、分布式商业。

而且更重要的是，BitDNS域名注册费用便宜、无须中心化机构审核，任何个人、企业、组织都可拥有域名。BitDNS域名系统支持域名交易，用户甚至可通过先发优势注册根域名，坐享下级域名分成。

2021 年至今：迅速发展的现在

2021 年也被称为NFT 元年。

NFT开始逐渐进入主流视野，同时涌现出一大批知名的项目。

越来越多的知名品牌进入NFT，尝试将NFT整合到它们的业务中；公众对NFT也越来越熟悉，整个NFT市场呈指数级增长，供需出现了巨大的爆发。

层出不穷的出色项目

首先是2021年出现了一大批出色的NFT项目。

1．Beeple

当Beeple的《每一天：前5000天》在佳士得拍卖会上以约6934万美元售出时，一切都改变了。

这个天文数字的价格使他成为世界上第三"昂贵"的在世艺术家。

虽然许多作品之前在NFT市场上已经产生了令人印象深刻的价格，但这是第一次由著名的拍卖行提供的NFT作品拍卖服务。这本身就给新奇的NFT市场带来了威望和验证。

当时NFT似乎随时都可能退回到小众的互联网领域，但是这次拍卖有效地吸引了公众的注意，从此NFT发展起来。

许多进入这个高风险市场的人将《每一天：前5000天》的成交作为他们决定献身于这个行业的契机，无论是决定购买他们的第一个NFT，还是辞去工作加入NFT创业公司。

2．*NBA Top Shot*

*NBA Top Shot*是一款基于游戏公链Flow的NFT收藏游戏，由加密猫（Crypto Kitties）游戏项目开发商Dapper Labs推出，一开始便受到NBA球迷的广泛关注，俨然是NFT收藏界的一颗亮眼新星。

*NBA Top Shot*旨在把NBA比赛中的精彩片段做成永久性的数字收藏品卡片（又称"球星卡"），收藏者可以通过购买的方式获得卡

NBA Top Shot

片，"球星卡"既能收藏又能通过平台进行交易。每个"时刻"都被记录在篮球比赛的短视频中，每个"时刻"的稀有程度也都会有所不同。

可见，代币有了更多功能，不仅可以作为交易卡，它们还可以作为会员卡，提供现实生活中的福利、产品、活动和体验。

*NBA Top Shot*正是看准了球迷热衷收藏的天性，以及NBA的百亿级美元市场规模，才推出这款NBA球星数字收藏品卡片，让玩家能够轻松收藏自己喜欢的球员的精彩进球时刻，而且不只是图片，还会有GIF或短视频。

根据NFT收藏品数据网站Cryptoslam，数据截至2021年，"球星卡"的总销售额约3200万美元，拥有25357名卖家、15127名买家，超过加密猫的2941万美元。

3．*Nyan cat*（彩虹猫）

Nyan cat（彩虹猫）是一部视频，于2011年4月由克里斯·托雷斯（Chris Torres）上传至视频分享网站YouTube。

Nyan cat

视频内容为一只卡通猫咪飞翔在宇宙中，它身后拖着一条彩虹，并且配上了UTAU虚拟歌手所演唱的背景音乐。视频上传之后迅速在网络上爆红，在2011年YouTube浏览次数排行中排名第五。

2021年2月19日，一个NFT版本的"彩虹猫"在NFT基金会上以300ETH的价格售出，这在当时相当于59万美元。在"彩虹猫"作为NFT出售时，人们刚刚开始对这种加密技术感到好奇。

4．**Bored Ape Yacht Club**（无聊猿游艇俱乐部）

2021 年 4 月 30 日，比特币价格在 55000 美元上下，人们还在期待比特币何时会再创新高。正是这天，在另一个炙手可热的板块——NFT，诞生了也许是至今最为成功的草根NFT项目——Bored Ape Yacht Club（无聊猿游艇俱乐部，简称BAYC）。

BAYC的创始团队足够"草根"，没有圈内大佬，没有天才科学家，更没有知名投资机构，他们只是四个现实生活中的好朋友，其中两个软件工程师、一个交易员和一个媒体从业者，他们或多或少都参与着加密投资。他们深受CryptoPunks、Crypto Kitties、 Hashmasks等经典项目影响，于是投身于NFT项目创作。

BAYC 由 10000 个猿形象的 NFT收藏品组成，每一个猿具有 4~7种不同属性，包括表情、毛发、头饰、服装等。根据不同属性的组合，猿的稀有度也各有不同，而稀有度也是区分价格的主要因素。

Bored Ape Yacht Club

BAYC所设定的故事大致是这样的：每个投身于加密领域的猿，在10年后都已成为亿万富翁，财务自由后的生活变得无聊，于是成立了无聊猿游艇俱乐部，在小酒吧一起聚会、玩涂鸦、遛狗，过着无聊的"躺平"生活。

区别于先前NFT项目，BAYC有几点独特的创新。

首先，它的发售方式并没有采用此前较为普遍的联合曲线的形式，而是将 1 万个猿NFT统一定价为每个 0.08ETH，采用先到先得的铸币方式（Mint），而这种发售方式引领了此后的绝大多数NFT项目。

其次，每个猿NFT的持有者，不仅获得了该"艺术品"，同时也获得了俱乐部会员卡以及数字身份，根据BAYC路线图，其俱乐部会员拥有包括空投、获得周边等在内的会员权益。

最后一点，也是充分体现BAYC创新与格局的一点，项目方将所有猿的版权和使用权授权给猿NFT持有者（BAYC Logo除外），这意味着只要持有一个猿NFT，就可以基于该猿NFT进行二次创作、衍生品制作乃至各类商业活动，而这一点意义巨大。

BAYC开启发售的12小时内，所有猿NFT销售一空，总收入

800ETH，按当时ETH价格约合 220 万美元。

基于BAYC的二次创作和衍生品如雨后春笋般涌现，NFT作品类有儿童猿、猿唱片、猿游艇、猿议会、猿漫画、猿小说等。实体产品类有面膜、饮品、服饰、滑板等。这期间BAYC猿地板价格持续攀升，一个超过5ETH。

截至2021年8月，BAYC累计交易额高达65475.6ETH，折合约1.59亿美元，位于NFT市场总交易量排行榜第四位。单个猿NFT最高售价高达375ETH（猿与宠物狗打包出售价），对比0.08ETH的发售价，涨幅高达4688倍。

在 BAYC 成功之后，类似的项目启动了。

这些项目被称为个人资料照片NFT（PFP NFT），因为它们通常描绘的是可以作为社交媒体头像的肖像。虽然不是所有的PFP NFT项目都是动物肖像，但大多数都是这样。

PFP NFT开始主导市场，特别是在夏天，交易非常激烈，以至于收藏家们把这个季节称为"JPEG夏季"。

PFP NFT成为NFT社区和市场的代言人。不过这也引起了外部评论家的愤怒，他们认为这些收藏品的主导地位证明了NFT缺乏艺术价值。

5．*Axie Infinity*

*Axie Infinity*本质上是一款基于元宇宙概念的NFT游戏，在2021年6月，它的销售额突破1.21 亿美元，整月收入超过1200万美元，其中游戏中的市场费用收入约529万美元，养殖费用收入约693万美元。

该游戏有一种数字化宇宙，该宇宙拥有14万只Axie，每只Axie

都有独有的特征，这些
特征决定Axie在战场上
的行为。

与其他类似的产品
一样，*Axie Infinity*是一
种网络游戏：玩该游戏
时，用户可以竞争、出

Axie Infinity

售或进行游戏资产交易，同时用户也可以繁殖新的Axie，并且能够
以此来建立自己的王国。

开始玩游戏之前，用户需要购买至少3只Axie。购买了之后，
用户才能下载应用程序并开始在战场上参与竞争活动。

Axie分为几个等级，并且由不同身体部位组成，每个身体部位
都有相应的等级。简单来说，Axie就是NFT。其中，最贵的Axie以
300 ETH的价格售出。

新Axie的繁殖是该游戏的重要组成部分。该过程是按照一些
特定规则来实现的。首先，每只Axie最多可以繁殖7次。其兄弟姐
妹以及父母不能繁殖。父母的基因遗传给并决定后代的特征。用户
可以在平台上计算基因遗传概率。繁殖费用包括0.005 ETH、一些
Small Love Potions或区块链网络手续费。

除此之外，Axie都住在卢纳西亚（Lunacia），这是一个新大
陆（Land），包含90601个代币化的地块（Plot）。

地块持有者会获得几种奖励，如持有者可以在自己的新大陆上
找到Axie Infinity Shards代币或其他资源。这些资源可用于升级新大
陆或Axie的等级。

新大陆也是一种NFT，用户可以将其出售。新大陆的流通市值约为19130 ETH。

最近发布的新地块扩展了游戏方式。用户现在可以在新大陆上收集资源和手工艺品，还可以管理自己的商店，并且可以与其他用户一起参与探索活动。

6．Hashmasks（哈希面具）

一个 ID 名称叫"Cryptopathic"的以太坊社区成员向他的朋友、加密行业知名用户 "Crypto Cobain"发送了一条关于艺术品拍卖的消息，这个作品其实是一套系列，名称叫 Hashmasks，其中囊括了数千幅原生数字艺术品。

Hashmasks直译为"哈希面具"，全球超过70位艺术家创作了16384张独一无二的肖像画，用户可以购买这些肖像画，并为每张画命名，其名称也是独一无二的。项目方希望"图片+名称"能成为用户在加密世界中独特的身份象征，并永存于区块链之中。

其主要玩法分为以下两种：盲盒曲线拍卖和NCT（Name Change Token）挖矿。

目前正在进行16384张作品的拍卖，拍卖是纯粹的盲盒游戏，有些更稀有，价值更高，但用户拍卖的时候完全不知道自己会拍到哪一张，拍卖结束后才会揭晓。

拍卖的价格也颇具创新性，采取了DeFi项目经常采用的曲线式拍卖，具体的价格如下所示：

Hashmask	价格（in ETH）
0 - 2999	0.1
3000 - 6999	0.3
7000 - 10999	0.5
11000 - 14999	0.9
15000 - 15999	1.7
16000 - 16380	3.0
16381 - 16383	100.0

Hashmasks 拍卖价格

最早的近3000枚NFT以0.1ETH售出，随后价格逐渐提高，上线两天后，拍卖价格已经达到了1.7ETH一张，依然有人疯狂涌入。目前该项目出售NFT的价格已经进入了1.7ETH的一档，共获得了超过7000个ETH的收入，价值接近千万美元。

用户购买的哈希面具目前并不能卖出，但是并非毫无价值。

购买一个NFT可以立刻获得3660个NCT。此外，每一个NFT在正式上线后每日可以获得10枚NCT，持续10年。

NCT的唯一作用是为用户购买的哈希面具改名。

哈希面具的稀缺性来自两方面，一方面是本身图像上的特点，另一方面即其名称，所有名称都必须是独一无二的，不能重复，就像域名一样具有稀缺性。

1830个NCT可以用来更改一次哈希面具的名称。用来更名的NCT会被销毁。

在项目方的愿景里，随着NCT的不断销毁，所有哈希面具的名字将再也无法更改，艺术品将最终定型。项目方呼吁用户："你不仅仅是购买了艺术品，你本身也将成为艺术品的一部分，你购买的哈希面具将成为你独一无二的身份凭证。"

7. *The Sandbox*

The SandBox，中文译名为《沙盒》，是一款由 Pixowl 开发的去中心化区块链游戏。

玩家可以在《沙盒》中打造道具、艺术品、玩具等，而且这些打造出来的东西都是 NFT，所有权都在玩家手上，因此可以拿到市场上拍卖。

如果你有玩过《我的世界》（*Minecraft*）的话，就会发现《沙盒》和它非常相像。

《沙盒》游戏可以说是由以下三大元素所组成的：游戏代币（Sand）、游戏土地（Land）以及游戏资产（Asset）。

Sand是存在于《沙盒》中的加密货币，同时也是该项目的治理代币。它是建立在以太坊上的 ERC20 代币，最大供应量为30亿枚。

简单来说，你可以把 Sand当作是要游玩这款游戏的点数一样，你可以用它来购买土地、道具，游玩其他玩家创造的小游戏等。

Sand本身也有治理代币功能，拥有 Sand 的人可以对《沙盒》提案、表决、参与决策等；Sand也可以用来质押，并赚取更多的Sand。

Land 是游戏的土地单位，在《沙盒》中，总共有 166464 块土地 ，而且每块土地都是 NFT，这代表土地是具有所有权且可交易的，并会永久记录于游戏中。

右图是《沙盒》的部分世界地图，其中每个像素就是最小单位的Land。把世界地图放大，就可以看到有许多大型机构，包括币安、阿迪达斯（Adidas）、Axie Infinity、DeltaTime、 ATARI（法国游戏商）等都已经在游戏中提早置产了。

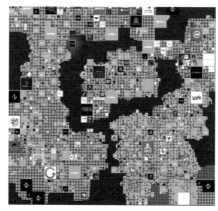

《沙盒》的部分世界地图

若你拥有多个 Land，就可以组成一个 Estate，例如把9个 Land 并在一起，变成 3×3 的 Estate。

你可以在上面开发业务，例如建立游戏生态、建立一个立体模型、举办活动，也能打造艺术展览厅、社交中心等。

建好以后，别人要来玩的话你就可以收取入场费（就像《动物森友会》一样）；如果不具备相关技术的话，也可以把自己的土地租给别人赚取租金，当元宇宙中的包租公。

Asset相当于游戏中的 NFT 道具，包括一些武器、艺术品、布置品、服装等。

依照官方的说法，Asset可以分为三类：①实体，在土地中充当实体的背景，如一些装饰、建筑或者非玩家的角色；②装备，玩家可携带的物品，如衣服、武器、可搜集的道具等；③方块，游戏世界中的环境方块，可以是不同元素，如水、泥、沙。

2022年3月19日，管理超过3万亿美元资产的汇丰银行在《沙盒》中购买了一块虚拟土地，成为第一家入驻《沙盒》的全球性金融服务机构。

继2021年10月融资后，《沙盒》的母公司Animoca Brands当时的估值约为22亿美元，而在2022年1月完成了3.58亿美元融资之后，母公司估值一度飙升至50亿美元，该轮融资由Liberty City Ventures领投，索罗斯基金管理公司参投。

雅达利（ATARI）、Care Bears、日本游戏开发公司Square Enix（《最终幻想》游戏发行商）、韩国游戏开发商Shift Up、小羊肖恩和蓝精灵等知名品牌以及获奖的游戏工作室基于不同品牌的属性和标签，在《沙盒》中创建了其相关主题的元宇宙，忠实地还原了

IP所需的场景。

Matic、MakerDao、Klaytn、OpenSea、Bitski、Dapp.com、Polygon、Ethernity和DappRadar等区块链合作伙伴与《沙盒》的大型社区联动，促进了去中心化的交流，推动了Web3.0的发展与迭代。

知名品牌的积极营销

除了层出不穷的优秀项目，许多知名公司、IP都加入到NFT行列中。如亚瑟士、倩碧、塔可贝尔、可口可乐、古驰、麦当劳等都将NFT融入它们的营销中。

1．亚瑟士

作为最早加入NFT行列的运动品牌之一，2021年7月，亚瑟士（Asics）推出Sunrise Red NFT系列——包括与各种数字艺术家合作设计的限量版数字运动鞋（该系列中九款鞋的每一款）。这个运动品牌将其描述为"对运动的庆祝，以及在建设数字商品激发体育活

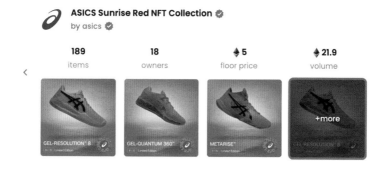

亚瑟士 NFT 页面

动的未来中迈出的第一步"，从189个数字资产中筹集的收益通过亚瑟士的"数字商品艺术家驻场计划"重新投到艺术家身上。

亚瑟士的九款鞋包括每只鞋 20 个 NFT 的限量版和每只鞋仅 1 个 NFT 的黄金版（金属金鞋）——这意味着只有幸运的人才能拥有这些独特的数字产品。限量版鞋都单独编号为 1~20，而黄金版鞋则是 1。

2．倩碧

2021年10月，倩碧公布了名为"MetaOptimist"的第一套限量版 NFT。

倩碧并没有像大多数品牌一样拍卖NFT，而是举办了一场竞赛。参与者可以分享对未来生活的乐观态度，并将内容发布在Instagram、TikTok 或 Twitter 上，带有标签#MetaOptimist、#Clinique和#Contest。最终，倩碧选出"智慧奖赏计划"的获奖者，并免费赠送3个 NFT。

除了NFT之外，获奖者还能获得目前倩碧已售罄的"Black Honey Almost Lipstick"，以及未来10年中每年新的倩碧产品系列。

倩碧此次发布NFT，也标志着美妆巨头雅诗兰黛旗下首次有品牌使用了NFT营销。

3．塔可贝尔

2021年3月，快餐品牌塔可贝尔（Taco Bell）在NFT市场Rarible上拍卖了25张NFT GIF，作为提高品牌知名度的一种方式，同时也以此代表对NFT事业的支持。

这一系列的NFT是为了纪念标志性的Taco菜品，并结合了数字和实体世界，购买原始"转型Taco"的买家将获得500美元的电子礼品卡。

虽然每个NFT GIF的起拍价为1美元，但所有25个NFT GIF在30分钟内被售出，每个价格为数千美元，其中一个的价格高达3646美元。所得款项被用于支持年轻人教育的Live Mas奖学金。

4．可口可乐

为了庆祝2021年7月30日的国际友谊日，可口可乐公司发布了一套系列的4个NFT。

可口可乐 NFT

这些动画的、一对一的数字艺术作品提供了多感官的体验 —— 在第一个拥有者购买时解锁惊喜。

这些惊喜旨在提高收入（收入全部用于慈善事业）并增加娱乐价值，包括可以在Decentraland中穿戴的"可口可乐泡沫夹克"，以及受20世纪40年代原始艺术作品启发的 "可口可乐友谊卡"等。

其中一个单一的"战利品箱 "在72小时内拍卖，拍得者还获得了一个在现实生活中能够使用的可口可乐冰箱。NFT拍卖的所有收益（575883美元）会赠予国际特殊奥林匹克委员会。

在这之后，可口可乐公司还在2021年12月发行了一套新系列的4个NFT。

这是一套节日数字收藏雪球，以落雪和标志性的可乐北极熊为特色，作为盲盒发行的一部分，这意味着用户在成功购买之后才知道自己获得了什么收藏品/稀有品。

5. 麦当劳

为了纪念快餐店的限量收藏品McRib在2021年11月回归其菜单，麦当劳推出了其有史以来第一个NFT促销活动。

麦当劳作为世界上最大的连锁餐厅之一发行了数量有限的NFT，这些NFT是以McRib为特色的虚拟收藏艺术品的一部分，用以激发用户对McRib暂时回归和有限供应的热情。

10个单独系列的McRib NFT只提供给那些转发该品牌邀请的人。在短短几个小时内就有超过21000人参与了转发活动，截至2022年年初，共有近93000人参与了这项活动。

现在来看，这是个非常不错的营销手段。

6. Ray-Ban（雷朋）

Ray-Ban拍卖了第一款也是唯一一款该品牌标志性的飞行员太阳镜的NFT。

该NFT是由德国艺术家Oliver Latta（Extraweg）设计的，并在OpenSea上拍卖。Latta最出名的是他的3D运动设计，他"受到日常情况的启发，经常描绘模糊和不舒服的感受，以激发观众的共鸣"。

拍卖所得被捐给意大利艺术信托基金会。

7．美国职业橄榄球联盟（NFL）

2021年，美国职业橄榄球联盟和票务购买平台Ticketmaster合作推出活动：购买本年度超级碗现场门票的观众不仅会得到实体门票，还将随门票获赠 NFT 收藏品，据悉该NFT中将标有持票者详细的座位号等信息。

作为汤姆·布拉迪退役后的首个超级碗、元宇宙时代的第一个超级碗、第一个和NFT相关联的超级碗，2021年超级碗门票卖得异常火爆，甚至带动了周边停车位市场。

8．古驰

意大利时尚品牌古驰（Gucci）在2021年6月走上了数字跑道，在佳士得主办的在线拍卖会上拍卖了一张新造的NFT，灵感来自其2021年秋冬系列，被佳士得描述为"梦幻般的风景和活力"的混合体。

古驰 NFT

这个NFT来自Aria，它是一部为配合T台秀而制作的4分钟电影，其形式三通道视频循环播放。

为期一周的拍卖会以25000美元的最终成交价结束，所得款项捐给了联合国儿童基金会美国办事处，以支持非营利组织的"新冠肺炎疫苗实施计划"。

9. 朗姆酒品牌 Bacardi

朗姆酒品牌Bacardi与知名广告公司BBDO 一起，联合曾获格莱美奖的制作人 Boi-1da推出了一系列音乐 NFT。

这个项目的核心是希望解决音乐行业中的性别差异问题。BBDO 内部人士表示，"当下，只有 2% 的音乐制作人是女性"。所以，该NFT作品（包括3个NFT）被命名为 "Music Liberates Music"（音乐解放音乐），并且收录了来自加勒比地区女制作人Bambii、Denise De'ion的曲目，以及Perfxn的曲目。

消费者在购买该NFT后，将获得曲目制作人的一部分版税。如此能够将音乐爱好者和艺术家联系起来。目前这些歌曲被存放在音乐NFT 平台"Sturdy.Exchange"上，并且已经为制作人赚取了超过30000美元的收益。另外，3个NFT持有者还将获得非洲未来主义设计师 Serwah Arrufuah 的独特动画艺术和宣传工具包，以宣传曲目制作人并建立流媒体人物。

NFT 爆发的体现

NFT项目的迅速发展不仅体现在项目数量的爆发上，其空前的火热程度从下面的几组数据中也可见一斑。

1. Google 搜索量在 2021 年呈爆发式增长

根据Google Trends数据，关键词"NFT"和 "Non-fungible token"全球的搜索量在2021年剧增，这也意味着NFT生态系统的关注度在不断攀升。这些关注的一部分转化成供需，将继续扩大NFT的规模。

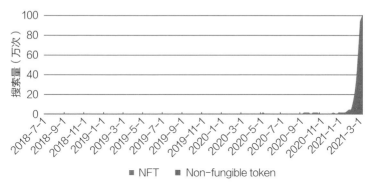

Google 上"NFT"和"Non-fungible token"的全球搜索量（2018 年—2021 年）

2．NFT 交易额呈指数级增长

据DappRadar数据，2021年NFT销售额达到约250亿美元，2020年只有9490万美元，同比增长超200倍。此外，NFT在2021年第3季度的销售额从第2季度的13亿美元增长至107亿美元，然而，第4季度出现增长放缓的迹象，销售额为116亿美元。

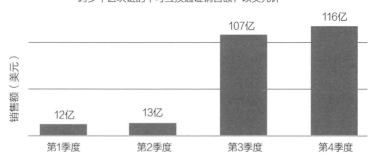

NFT第4季度销售额攀升至116亿美元

跨多个区块链的不可互换通证销售额，以美元计

2021 年 NFT 交易量（DappRadar 统计，数据不包含"离链"销售）

小结

NFT的历史非常有趣。尽管在过去几年中人们认为 NFT 存在一些不确定性，但绝对可以肯定的是，NFT 将继续存在，也将成为艺术界未来的重要组成部分。

通过标记化、可编程性、协作、版税以及与艺术家和收藏家之间更直接的联系，NFT 可能很快就会成为日常生活中至关重要的技术。

几年前，DAO（Decentralized Autonomous Organization）、基于代币的元界、社区拥有的金融协议和 NFT 艺术等概念还只有小规模的试验。现在，它们代表了价值数十亿美元的社区，这些社区将协议驱动的设计、经济学和治理结合为互联网上的全球集体。

归根结底，NFT只是一种表示独特数字商品所有权的通用方式。随着世界日益数字化，NFT可以帮助数字经济蓬勃发展。

我们可以对未来最好的用例进行有根据的猜测，而有创意的开发人员很可能会想到我们尚未想象的用例，再加上开源智能合约的一般可组合性，这些都使得NFT成为当今区块链领域最令人兴奋的应用之一。NFT的未来拥有无限的机会和无限的潜力。

第四章

各大 NFT 平台介绍

国际交易平台

OpenSea

OpenSea是一个去中心化的NFT交易平台，用于购买和销售NFT。OpenSea成立于2017年，是目前最大的NFT交易平台之一。OpenSea首先向大众市场推广了NFT和加密货币收藏品的点对点交易。

OpenSea是最受欢迎的NFT交易平台之一，原因是OpenSea上面有各种各样的NFT可供购买。在OpenSea上，可以找到艺术NFT、头像（PFP）NFT收藏品、ENS域名、元宇宙中的数字土地、电子游戏内置道具和DAO成员的NFT。OpenSea目前拥有所有NFT交易平台中最大的交易量。

由于各种各样的原因，OpenSea可以被认为是世界上最流行的NFT交易平台。OpenSea为人们提供了一个直观的用户界面来与NFT进行交互，这使得出售和购买NFT成为一个简单的过程。它为用户提供了一种简单的方法来传输NFT、搜索NFT、查看NFT以及检索特定NFT的所有权和历史交易记录。

OpenSea做出的关键贡献是使得非技术用户也成为NFT行业中

的成员，事实上，就在几年前，NFT行业还需要高度专业化的技术知识，也就是说准入门槛过高。OpenSea显著降低了NFT领域的准入门槛，能够使用户无须具有专业化的技术知识或丰富的经验就可以轻松创建、买卖NFT。具体而言，在过去，用户创建自己的NFT需要大量编程技能和ERC721标准接口知识。而现在，OpenSea的出现使得普通用户可以通过OpenSea的用户界面轻松地创建NFT。

用户倾向于使用OpenSea的原因还有一个——它集成了Polygon。Polygon是一个Layer 2区块链解决方案，旨在帮助提高交易流畅度并降低以太坊区块链上的区块链网络手续费。对于OpenSea上的用户来说，Polygon和以太坊之间的切换非常简单直观。因此，Polygon的粉丝会倾向于选择OpenSea作为他们的NFT交易平台。

OpenSea于2017年由软件工程师Alex Atallah和Devin Finzer创立。Atallah毕业于斯坦福大学，Finzer毕业于布朗大学。他们的初创公司获得了世界著名创业孵化器Y Combinator的W18项目的支持，并获得了其270万美元的资助。据OpenSea网站称，创始人是在目睹了Crypto Kitties的流行后，才萌生了做NFT交易平台的想法。

作为一家NFT交易公司，OpenSea正在成为NFT这个不断增长的行业的中心，并将继续投资自己的核心基础设施。事实上，OpenSea已经为买家、卖家和创作者建立了目前为止最方便快捷的NFT交易平台。

工作原理

OpenSea是第一个也是最大的非同质化代币（NFT）交易平台，是一个开放、包容的Web3.0平台。在这里，用户可以探索

NFT，并相互联系、进行社交，购买和出售NFT。

作为一个去中心化的交易平台，OpenSea使用智能合约来购买和出售NFT数字资产。智能合约允许用户在平台上保护他们的NFT收藏品，这为创作者的作品提供了安全保障。OpenSea为NFT转账提供了便利，在将OpenSea连接到平台所支持的Web3.0加密货币钱包（如MetaMask）后，OpenSea用户可以直接与区块链上的其他用户进行点对点交易。

除了ERC721和ERC1155之外，OpenSea还使用了开源的区块链以太坊来确认NFT收藏者在交易平台上拥有的资产。此外，该公司还引入了Polygon区块链，以实现快速、低成本的交易。

如上所言，OpenSea是一个基于Web3.0的技术平台。事实上，根据Web3.0互联网上的共识，在理想情况下，一旦NFT从一方转移到另一方之后，无论对方的意图如何，NFT都是不会被冻结的，此外，撤销双方之间的交易也是不可能的。然而，OpenSea平台上的NFT市场却并非如此，OpenSea有一种协议来处理这种情况，即OpenSea认为，如果一个平台需要公信力，那么当两个对等体对于存储在区块链中的数据状态的声明存在冲突的话，平台就必须为用户（买家和卖家）创建一个信任协议，而不考虑去中心化、加密和私人交易。因为没有信任协议，平台就没有卖家，也不会有买家。

OpenSea是一个NFT交易平台，这意味着它并不会存储任何数字资产。相反，用户将资产存储在自己的加密钱包中，与存储加密货币私钥的地方相同。每当NFT的所有权发生变化时，所有权就会从卖家转到买家。在这个过程中，OpenSea作为中间的工具，将收取2.5%的佣金。

除了2.5%的佣金外，用户在交易过程中还要支付区块链网络手续费。这些区块链网络手续费是支付给底层协议以太坊的，用于维护去中心化网络。这些费用涉及设立账户、接收报价等。下面介绍OpenSea的销售策略、安全性以及可用的钱包。

1．OpenSea 的销售策略

就销售策略而言，固定价格出售和荷兰式拍卖（也称"降价拍卖"，是一种特殊的拍卖形式，拍卖人先将价格设定在足以阻止所有竞拍者的水平，然后由高价往低价喊，第一个应价的竞拍者获胜，并支付当时所喊到的价格）的出售方式通常最适合销售低价物品。价格较高的物品往往使用英式拍卖（又叫升价拍卖，初始时卖方公布物品的底价作为初始价格，买方的叫价必须超过当前价格才能被接受，接受后随即成为新的当前价格，当前价格维持给定的时间后，叫出当前价格的买方即以当前价格购得物品。即，竞拍者由低往高出价，最后出价最高者以最终出价赢得拍卖）。无论用户选择哪种出售方式，过程都是一样的，用户选择自己的物品并单击"出售"按钮，然后决定具体使用哪种出售方式。

OpenSea还提供免区块链网络手续费交易模式，当拍卖中的最高出价者在英式拍卖中获得NFT后，买方和卖方都不需要为执行这次交易而支付区块链网络手续费，不过，事实上，人们逐渐怀疑，在目前以太坊昂贵的区块链网络手续费成本下，OpenSea的这种情况还能够持续多久。

此外，尽管用户拥有的NFT清单默认是公开的，但用户可以通过切换隐私开关将其改为私有。改成私有的NFT清单仍将对公众可见，但只有在用户指定的地址才可以购买清单中的NFT。

在OpenSea的 NFT市场开放后，用户的NFT商品也不会被锁定。用户可以选择取消出售，降低价格，或增加另一个挂牌销售。

2．OpenSea 的安全性

随着NFT交易的兴起，交易平台安全性的问题将不可避免地出现，特别是对于最大、最受欢迎的NFT交易平台OpenSea来说。作为一个点对点平台，OpenSea本身并不直接参与NFT的创建、销售或拍卖。相反，它只是一个不同用户可以交易NFT的平台。

OpenSea是安全的，因为它的安全是由区块链来保障的。如上所述，它是非托管式的，用户的NFT永远不会离开自己的钱包，直到它们被出售。

3．可用的钱包

用户可以在OpenSea上使用多种去中心化的钱包，不过这些钱包都有一个共同点，那就是兼容以太坊网络。下面是一些用户可以在OpenSea上使用的钱包：Metamask、Coinbase Wallet、TrustWallet、Portis、Fortmatic/Magic、Arkane、Authereum、Bitski、Dapper、Kaikas、OperaTouch、Torus、Wallet Link、Wallet Connect。

平台特色

目前，OpenSea是NFT交易最主要的平台，占了NFT市场近97%的销量。该平台允许用户在二级市场上购买和出售NFT，用户还可以创建自己的NFT收藏品并在一级市场上出售。OpenSea平台很容易使用，它有一个NFT筛选功能，可以帮助用户找到需要的NFT。

OpenSea NFT平台有几个值得注意的特性。

1．NFT 赠送

OpenSea允许用户将NFT作为礼物发送给其他OpenSea用户。如果用户在OpenSea上没有找到朋友的用户名，也可以向朋友的ETH地址发送NFT礼物，这样他们就可以直接在钱包中收到礼物。

2．NFT 铸造

OpenSea还允许铸造NFT。OpenSea目前不收取铸造NFT的费用，但用户将在最终销售时支付2.5%的佣金。

在过去的几年里，OpenSea平台对买家和卖家都产生了无与伦比的黏性，使自己成为NFT交易的首选平台。这就是OpenSea平台的良性循环（例如，通过降低交易成本），买卖双方都从中受益。由于OpenSea已经成为NFT交易的首选渠道或核心目的地，没有买家或卖家希望跳转或转移到不同的平台，因此OpenSea在NFT市场中占据主导地位。这就是OpenSea已经获得了130亿美元的市场估值，并不断吸引本行业和其他行业的重要人才的原因。

OpenSea 的优势

首先，OpenSea是最大的NFT交易平台，这意味着有更多的人能够在此看到艺术家的作品或其他用户想出售的NFT。现在OpenSea已经有了基于iOS/Android平台的移动应用，商品销售变得更容易了。

其次，OpenSea的收藏经理们允许用户在不用花费区块链网络手续费的情况下铸造和销售NFT。这意味着用户铸造和销售NFT的行为可以获得更高的利润,从而吸引更多的用户加入平台。

最后,OpenSea的中间费用很低。OpenSea免费提供NFT市场基础设施,用户以每笔NFT销售费用的2.5%来支付平台的维护费用,即无论用户的NFT售价是10美元还是100万美元,支付给OpenSea的费用比例都是一样的。

OpenSea 的劣势

OpenSea平台目前只允许艺术家们获得最多10%的版税,尽管这可能并不是一个真正的缺点,因为这意味着二级卖家可以为自己保留更多的利润(不过这显然有可能打击艺术家们的创作热情)。

OpenSea 的未来展望

2021年4月,OpenSea已经与Polygon和IoTeX合作,实现OpenSea的跨链支持。现在,除了以太坊之外,NFT还可以在Polygon协议上被铸造,并且可以从一个区块链转移到另一个区块链。用户也不必为在Polygon上铸造的NFT支付区块链网络手续费。OpenSea正在努力让更多的人了解自己,尤其是那些不了解NFT领域的人。

2021年7月下旬,OpenSea从风险投资公司A16z(Andreessen Horowitz)融资后,官方表示希望成为价值转移平台,而不是信息转移平台,以实现真正的所有权和完全的贸易自由。

OpenSea并不是没有争议的。最近,OpenSea的一位高管被揭露通过利用内幕信息在OpenSea公开发行NFT作品之前预先购买而套利。然而,此类事件可能会加速立法者或监管者的行动,也可能会影响NFT的价值,不过OpenSea表示已经实施了新的规则作为限制。

Rarible

Rarible是一个运行在以太坊上的NFT铸造和交易平台，也是一个多链社区驱动型的开源平台，允许用户零门槛地创作和展示自己的作品，并确保用户拥有所铸造和购买的NFT的所有权。

位于莫斯科的平台Rarible是由Alex Salnikov和Alexei Falin在2020年年初创立的。从根本上说，Rarible是一个数字NFT平台，而且特别关注艺术资产。Rarible的核心是一个NFT交易平台，它保护那些用区块链技术担保的数字收藏品。Rarible有一个愿景，即成为一个使用区块链来保障数字艺术品和数字收藏品的平台。具体来说，Rarible提供一个市场，允许用户交易各种数字收藏品，类似于OpenSea。

虽然Rarible在2020年才成立，但它已经获得了超过 600 万美元的平台总销售额。Rarible 在2021年的9月份迎来了爆发式增长，月销售量是 NFT 市场霸主OpenSea的10倍。NFT 大多与DeFi（去中心化金融）生态系统保持独立，但NFT的持续增长和流动性挖矿正在迅速将这两个加密生态系统推向一起。

Rarible在产品形态上与OpenSea有众多重合属性，它们都属于综合性的NFT交易平台。自OpenSea上线NFT创作功能之后，Rarible与OpenSea之间的产品越来越相似。首先，Rarible 开发APP版本，成为首个有移动端的NFT交易平台，用户使用手机就可以随时随地管理或交易NFT资产，也可直接将一些现实的作品铸造为NFT，比如，用手机拍照或上传手机上的图片来制作NFT，这对于摄影师来说无疑是好消息。

其次，Rarible还为NFT交易用户和创作者开发了交流工具Rarible Messenger，用户可以直接在Rarible上与收藏家、艺术家等创作者联系，这就为NFT交易平台扩展出了社交功能。

用户还可以使用Rarible来创造NFT——通常被称为铸造NFT。这对各种内容创作者来说是个好消息。例如，艺术家可以将他们的创作，如书籍、音乐专辑或电影，作为NFT出售。

此外，在Rarible中，艺术家可能会选择向潜在的买家提供有效的内容预览、预告片或片段——但只有在人们购买了相关的NFT后才会收获完整的内容。

值得注意的是，Rarible还非常重视创建一个完全自主的社区平台，通过社区管理模式运行。此外，Rarible正在大力转向成为一个真正的去中心化自治组织（DAO，有时也被称为分布式自治公司，是一个以公开透明的计算机代码来体现的组织，其受控于股东，并不受中央政府影响。真正的DAO的目标是，平台用户将是负责平台所有决策的人）。Rarible形成了自己的社区DAO，为创作者提供多种获得资金和作品曝光的机会，并计划奖励创作者。

Rarible 社区

自RARI（Rarible的代币）上市以来，Rarible 的NFT交易额已经超过 400 万美元，其中，仅2021年9月14日这一天的交易额就达到了 150 万美元。虽然Rarible从2021年年初至今的销售额（600万美元）仍落后于OpenSea（900 万美元），但按照目前的速度，它将很快超越OpenSea。

工作原理

1．工作原理简介

Rarible是一个旨在将卖家（通常是内容创作者，如数字艺术家、模型创作者或模因创作者）与买家联系起来的平台，买家可以选择自己想购买的NFT作品。

要将自己的作品变成NFT，创作者必须首先使用Rarible的软件"铸造"一个通证。要做到这一点，他们需要在网站上填写一份表格，并附上自己的照片和其他数据，比如他们作品的标价。

然后，Rarible平台在以太坊区块链上创建一个新的通证。与以太坊上的其他代币类似，NFT可以使用Rarible的软件在去中心化钱包之间传输。

Rarible利用以太坊区块链在NFT的代码中嵌入其所有者和交易的完整历史。值得注意的是，当交易成功，买家和卖家都必须支付佣金，这笔佣金将进入Rarible网络。

用户可以在Rarible创建一个NFT收藏品或探索Rarible的NFT交易相关功能。用户需要将Metamask、Fortmatic、WalletLink或WalletConnect等以太坊的加密货币钱包连接到Rarible的界面。Rarible的另一个独特之处在于，用户不需要有任何工程、编码经验就可以创造NFT艺术品。

2．社区治理的方式

NFT的一个有趣特性是能够对资产中的特许权使用费或未来现金流的权利进行规划。这意味着Rarible上的创作者可以设定一定比例的未来销售额，并通过发行代币自动收集这些销售额。

这是特许权使用费这项技术的主要特点，也因为这一点，Rarible与传统的内容平台不同，在Rarible中，NFT售卖时可以立即为创作者获得版税。例如，如果一件数字艺术品列出了10%的版税，那么创作者将立刻从该艺术品的后续销售中获得10%的提成。

此外，Rarible希望过渡到一个真正的去中心化自治组织（DAO），由其RARI通证驱动，并依靠社区治理。对于Rarible来说，这意味着Rarible用户——或者更准确地说，RARI的持有人——将是帮助塑造项目以及平台未来的人。Rarible正在通过基础设施建设，来真正成为一个由社区管理的去中心化的自治组织。尽管在这成为现实之前还有很多工作要做，但Rarible正在努力制定解决方案。

平台特色

Rarible具有以下特点：

1．具备初学者友好性，Rarible的整个交易的过程是直接且直观的。

2．RARI持有者在一个自主的环境中运行平台，这些持有者们负责对社区治理建议投票。平台的长期目标是使Rarible成为一个去中心化的自治组织（DAO）。

3．Rarible打破了知识产权市场的限制，比如文书限制和极困难的许可程序限制。该平台提供了一个简单的、每个人都可以使用的替代方案。

4．Rarible的零障碍环境允许用户直接参与NFT的交易和铸造，不受任何限制。没有人需要担心财产的安全，因为平台处在一个非常安全的环境中。

作为一个NFT交易平台，Rarible越来越受欢迎。它有不少的优点。

Rarible具有以下优点：

1．Rarible有一个Lazy Minting的铸币功能，允许用户创建NFT而无须预先支付任何区块链网络手续费。

2．Rarible的操作简单，有着良好的门户网站和APP等，用户不需要任何编码知识就能熟练应用。

3．Rarible平台将RARI奖励给网络上的NFT卖家和买家。

4．RARI持有者可以对影响平台的提案投票。

5．它是开源和免费的，也是完全安全的，不会受外部攻击。

6．用户可以在Rarible上使用信用卡、借记卡或Google Pay进行支付。

但Rarible也具有以下缺点：

1．RARI不支持API或IPFS存储，也没有官方的文档或白皮书。

2．与OpenSea相同，Rarible服务向卖方和买方各收取2.5%的中间费用。

SuperRare

SuperRare是一个数字艺术品平台，围绕独特的单版数字艺术品展开。每件艺术品都由网络中的艺术家真实创作，并标记为任何人都可以拥有和交易的加密数字收藏品。SuperRare审核平台上出现的每一位艺术家，并且只接受有限数量的创作者。这意味着购买到伪劣作品的风险要小得多，而且质量比其他市场上的要高。另外，每部作品都只有一个版本。有些平台允许人们制作一系列限量版，但在SuperRare上，每件作品都是独一无二的。

该平台基于ERC721通证标准。在SuperRare平台上，艺术品中包含10%的版税，在进行二次销售时为创作者提供收入。SuperRare NFT平台专注于以艺术为导

SuperRare 界面

向的NFT，这意味着它通常不会列出与数字游戏资产、域名或音乐相关的NFT。SuperRare列出的作品涵盖了广泛的艺术风格，从逼真的插图到幻觉和概念艺术。

SuperRare注重质量而非数量，在NFT领域赢得了相对较高的声誉。SuperRare弥合了现实世界艺术画廊和NFT平台之间的差距，通过其易于使用的平台，让更多传统艺术品买家可以访问NFT。SuperRare平台的设计考虑了艺术收藏的社交属性，类似于SuperRare自己所描述的"Instagram遇上Christies"。用户可以关注他们最喜欢的创作者，也可以像在社交媒体上一样浏览推荐内容。

另外还有"活动提要"和"趋势艺术家"板块，使用户能快速了解最新作品动态。

SuperRare平台很容易让人联想到Instagram，用户界面非常流畅且对移动设备友好，可实现流畅的滚动浏览体验。SuperRare上的所有交易均使用ETH进行，买家的所有买单均需要支付3%的佣金。另外，SuperRare也向创作者收取15%的销售佣金。对于二级销售，创作者获得10%的版税，这意味着如果艺术品继续在二级市场上交易，则创作者可以从艺术品中获得被动收入。

SuperRare于2018年4月正式推出，但它的起源可以追溯到2017年。三位创始人John Crain、Charles Crain和Johnathan Perkins在纽约布鲁克林的一家咖啡店开始着手实现"创建一个适合数字时代的新艺术市场"的想法。SuperRare是Pixura公司的子项目，Pixura公司是一家专注于加密收藏品的公司，与SuperRare有相同的创始人。

SuperRare最初是一家高端艺术画廊，仅列出了其核心团队审查的知名艺术家的独家NFT藏品，是一个完全中心化的交易平台。但在2021年，该平台引入了其RARE通证以促进平台的治理，并开始向由创意和收藏家社区领导的去中心化自治组织（DAO）过渡。

工作原理

SuperRare平台使用以太坊区块链来铸造、交易和验证其平台上列出的 NFT。与大多数NFT平台一样，SuperRare是非托管的，这意味着卖家的 NFT 在上市时被锁定在智能合约中，并且在出售之前不会离开其钱包。同样，买家的资金在用于竞标NFT时通过智能合约保证安全，并且只有在用户竞标成功时才会被转移。

与其他NFT平台一样，SuperRare主要以定时拍卖模式运作。拍卖既可以设置为出价所需的特定底价，也可以设置为简单的开始和结束日期且没有底价。用户购买的SuperRare NFT会自动显示在他们的NFT收藏中，用户可以自定义自己的显示并展示自己最喜欢的创作者的特定NFT，这为平台的策展过程添加了社交元素。

此外，SuperRare Offers系统允许任何用户为任何 NFT 提供报价，而不仅仅是那些目前正在拍卖的作品，从而为 NFT 艺术品提供了二级市场。用户可以使用SuperRare的"Market"选项卡在平台上寻找潜在的艺术品，还可以使用不同的条件过滤他们的搜索。

在SuperRare运营的前三年，那些想要在平台上列出他们艺术品的人必须提交一份申请，该申请将由SuperRare Labs团队审查才能获得批准。该申请本身相对简单，但要求艺术家和潜在卖家遵守某些标准。此外，每个条目都必须是完全原创的，由应用程序账户的所有者创建，并且不能在其他任何地方进行标记。以这种方式列出的每一个NFT都是经过筛选和批准后由创作者在平台上铸造的。因此，SuperRare上列出的每一件数字艺术品都是独一无二的。

平台特色

SuperRare有几个备受瞩目的NFT ，包括在2021年的拍卖中，《时代周刊》（*TIME*）杂志售出了三本NFT杂志封面，以及SuperRare与EDM音乐家Don Diablo合作以200万美元的价格出售"Destination Hexagonia" NFT。SuperRare NFT艺术品市场举办了一些按单品美元价值计算的大型销售活动，包括加密艺术家Xcopy

的"All Time High In The City"和"Death Dip"（每个售价1000 ETH）。上述NFT作品的成交都给SuperRare平台带来了不少的市场热度和流量。

与其他平台不同的是，创作者在SuperRare上的每笔点对点销售都会永久获得10%的版税，这有助于为创作者提供来自其作品的被动收入。SuperRare还实施了收藏家佣金，当NFT被出售时，向一级收藏家支付1%的佣金。与艺术家版税不同，此收藏家佣金会随着时间的推移而减少，其百分比价值会随着随后的每次转售而减少40%，直到完全用完为止。还有一个二级收藏家的佣金，从后续销售的0.5%开始，与一级收藏家佣金的下降幅度相同。这些收藏家的佣金来自SuperRare的网络费用，由SuperRare对所有交易收取的15%的卖方费用和3%的买方费用来补充。这个卖方费用比OpenSea和Rarible等市场的收费要高，SuperRare的3%的买方费用也高于OpenSea和Rarible的。此外，值得注意的是，SuperRare仅接受ETH支付，而其他一些平台则接受多种加密货币支付方式。

SuperRare的建立是为了抵制低质量NFT、预防NFT质量的下降和加密空间产品的涌入，同时为收藏家提供一系列精选的高质量数字杰作。随着RARE通证和 SuperRare DAO的推出，SuperRare的团队正在放弃对平台的控制权，希望其社区能够凭借自己的能力成为负责任的、具有前瞻性的领导者。

平台规模

根据Cryptoart.io整理的数据，SuperRare平台在2022年3月份的月销售额为590万美元，远低于其在2021年10月份的3700万美元。

Nft-Stats.com的数据显示，截至2022年4月2日，SuperRare平台近一周的NFT交易数量为32，总交易额约为44万美元，平均价格约为13800美元，在售的NFT总计30530个，拥有6439个独立用户。

Hic et Nunc

Hic et Nunc（HEN）由Rafael Lima创立，是一个试验性的开源NFT平台。Hic et Nunc旨在建立去中心化加密艺术平台，并将权力置于社区。自2021年3月

HEN 界面

推出以来，Hic et Nunc的人气不断飙升，已经是目前最大、最受欢迎的NFT平台之一。Hic et Nunc支持的NFT类别包括图片、视频、GIF 和音乐。该平台采用独特简约的设计，没有多余的装饰。虽然相较其他平台，Hic et Nunc的一些功能有所缺失或仍在开发中，但用户体验却十分优秀。

随着NFT越来越受欢迎，围绕其负面生态影响的讨论也越来越多。由于以太坊运行以工作量证明（PoW）为基础，根据以太坊官网的说法，这可以使得覆盖或攻击以太坊区块链变得极其困难，并防止恶意修改。尽管具有诸多的好处，但工作量证明系统仍会消耗大量能量，这对环境有害。据说整个以太坊网络每年消耗的电力比以色列全国还要多。Hic et Nunc是解决这一困境的可持续解决方案。Hic et Nunc基于Tezos的区块链，该链使用权益证明协议为其用户提供铸造和交易NFT时的低区块链网络手续费，它的能源消

耗比在工作量证明系统上运行的加密货币少200万倍。因此，Tezos被认为是一种干净的加密货币——使其成为一种更合理的选择。在Hic et Nunc上铸造NFT，大约需要0.08 tez（Tezos的加密货币也称为XTZ），大约相当于0.22英镑。这比基于以太坊的市场要便宜得多，后者的价格可能高达50英镑。从以太坊市场迁移到Hic et Nunc的第一批创作者是法国的Joanie Lemercier和土耳其的Memo Akten等人工智能（AI）艺术家。他们都依赖大量的计算能力来完成工作，并且都将环境问题作为他们决定放弃以太坊的关键因素。

Hic et Nunc为NFT艺术领域的初学者创造了一个入口，并为那些没有经济能力在其他著名NFT平台上铸造和投资的人们提供了巨大的机会。Hic et Nunc仅从创作者的收入中抽取2.5%的佣金，这与其他平台不同，其他平台平均收取约15%的费用。如果这还不够好，那么少量的铸造费让创作者可以在平台上以0~10tez的低价发布大量作品。

2021年11月11日，在未发布任何官方声明的情况下，Hic et Nunc疑似关闭，该平台的官方推特账户和平台官方网站都无法打开。Hic et Nunc的突然消失让众多NFT爱好者感到困惑。尽管尚不清楚Hic et Nunc的创始人Rafael Lima为何决定关闭如此成功的NFT市场，但据说Lima本着真正的去中心化精神，最终将平台交给了社区，目前平台作为DAO运行着。

平台特色

开源和去中心化是Hic et Nunc的特色，这也与区块链世界所推崇的思想相符合。Hic et Nunc是一个充满活力的生态系统，它不断构建新的工具、应用程序和资源，以供社区使用。Tezos基金会要求项目开源这一事实极大地促进了生态系统的丰富性。它确保内容不断被共享和使用、修改和更新。社区处于不断的试验和进化中，其中用户和其创造力是主要"燃料"。

把关和审核机制在NFT市场中很普遍，通常艺术家需要经过策展人的批准程序才能进入NFT市场。Hic et Nunc打破了这一传统流程，让所有人都可以访问该平台，允许任何人在没有要求或审查的情况下铸造和销售 NFT。因此，Hic et Nunc中存储着从入门级创作者到马里奥·克林格曼等杰出艺术家的各种数字艺术品。

虽然许多NFT平台选择具备完善的功能而不是完美的用户体验，但Hic et Nunc采取了不同的方法。Hic et Nunc网站导航非常简单。为了提升用户体验，Hic et Nunc平台不支持其他平台普遍支持的拍卖或出价模式，仅能以当前价格成交。

匿名是Hic et Nunc的另一个吸引人的特点。艺术家可以保持匿名卖家身份，将价值放在作品而不是创作者身上。这种通过消除偏见来平衡竞争环境的方式，可以创造一个更具包容性、更多元化的社区。

平台规模

根据开源网站hicdex.com的数据，截至2022年4月2日，近一个月来，Hic et Nunc平台的日交易数量维持在3000~6000，日活跃地址约为1500个，总体数据呈下降趋势。Hic et Nunc平台的二级市场销量在2021年8月下旬达到日交易量高峰，日交易额约为12万个tez，价值约80万美元。

DMarket

DMarket是一个游戏内物品的链上交易场所。DMarket实现了玩家之间游戏内 NFT 物品的安全购买、销售和交易，DMarket

DMarket 主界面

目前支持的游戏包括*Rust*、*CS:GO*、*Dota 2* 和 *Team Fortress 2*。DMarket 通过创建一个跨链平台，为品牌方、视频游戏、电子竞技组织、广播公司和各种实体，在现实世界和虚拟世界之间架起一座桥梁，将娱乐行业与全球虚拟世界连接起来。

玩家可以在DMarket上交易自己在游戏中获得的装备、物资等物品，这拓宽了游戏体验的边界，DMarket 为世界各地的游戏开发者、玩家、主播、电子竞技俱乐部和粉丝开启了价值数十亿美元的数字资产经济。DMarket正在创建一个连接游戏和电子竞技、品牌和受众、真实体验和虚拟物品的元宇宙。这个无边界的元宇宙让所有相关方都可以在未来的开放系统中茁壮成长。

DMarket 界面

通过创建一个交易虚拟物品和技术以构建元宇宙的市场，DMarket可以实现经济上的多赢。对于游戏开发商来说，它们可以提高玩家参与度、终身价值和收入；对于游戏参与者来说，玩家可以通过跨游戏和平台制作并交易物品来从游戏玩法和直播中赚取收益；对于游戏社区来说，游戏社区在全球范围内促进并催生出更广泛的参与；对于游戏主播来说，主播可以通过插播广告获得更多关注者并提高其参与度；对于游戏品牌来说，可以建立知名度并吸引数百万游戏玩家和电子竞技粉丝；对于电竞社区来说，电子竞技俱乐部扩大了它们的粉丝群，而粉丝们也因此而获得了更好的体验。

DMarket 的创始人是 Volodymyr Panchenko，他是计算机游戏商品的私营商，也是 Skins.Cash 的创始人（Skins.Cash 是游戏中物品交易的第二大市场，2016 年销售的物品超过 1200 万件），还是 DreamTeam 的联合创始人之一（DreamTeam 是第一个基于区块链和智能合约的电子竞技和游戏招聘的管理平台）。

工作原理

DMarket 以区块链和智能合约为基础，这些技术使得它可以对平台上的所有游戏中的虚拟物品实行一键出售、一键交易或一键评估，实现对用户的零中介成本。区块链技术保证了平台的安全；智能合约是区块链的桥梁，智能合约记录所有权的变更并实施自动转账付款，智能合约的加入赋予 DMarket 可实现无须任何第三方认证的将所有游戏世界联系在一起的能力。

DMarket 系统分为两个独立的部分。第一部分是一个去中心化的区块链数据库，用于存储游戏中和交易平台上发生的所有交易。DMarket 的区块链使用智能合约技术确保所有参与者交易的透明度和安全性。游戏项目NFT与通证的支付和转移通过智能合约根据其代码来处理，这提供了比普通合同更高的安全水平，降低了交易成本。DMarket通过智能合约实现了控制游戏中物品的存在数量和可用数量、用户购买物品的偿付能力的功能。DMarket系统的第二部分是一个独立的交易平台，这个交易平台能够每秒处理数十万次操作，并与区块链互动。这一部分是使用Golang、PostgreSQL开发的。为了提供高性能，DMarket的开发者选择了一个带有RestFull API的服务架构，通过建立在Kubernetes上的集群确保了服务的稳定。除此之外，DMarket系统还使用了一个独立的多媒体存储服务。该服务与区块链和交易平台都有互动，作为媒体资源的高速存储器发挥着作用。这种服务架构，保证了数据的连续性和安全性。

平台特点

DMarket作为一个NFT交易平台具有如下特点：

1）DMarket上交易的NFT主要是游戏内的物资装备、皮肤等物品。

2）DMarket提供多种游戏项目，例如 *Team Fortress 2*、*Rust* 和 *DOTA 2*。

3）DMarket拥有易用的NFT市场，方便游戏玩家使用。

4）DMarket提供多种支付和提款方式，包括VISA、比特币、ETH等。

5）DMarket市场上有超过100万套游戏皮肤出售。

6）DMarket在Trustpilot 评级为 4.5 星，评分很高。

7）DMarket拥有专用的移动应用程序。

8）DMarket可以通过系统机器人实现快速轻松的交易。

9）DMarket支持多种语言选择。

10）DMarket只有7%佣金。

作为一个游戏装备交易平台，DMarket最显著的特点就是使用了区块链技术和智能合约技术，当前版本的DMarket网络区块链使用Rust和C ++实现，具有以下特点：

1）高速响应，DMarket的区块链数据库每秒可以处理3000个交易，这将使平台能够确保适当的交易处理速度。

2）弹性，所开发的区块链确保平稳运行（即使区块链网络中多达1/3的节点被禁用或被破坏）。

3）更高的安全性，由于DMarket的网络区块链是用Rust编写的，这种系统编程语言的设计没有分段故障，能保证线程安全，因此区块链确保了平台上发生的所有进程的安全性。

LooksRare

LooksRare是一个去中心化、社区优先的NFT平台，它积极奖励参与该平台的交易者、通证质押者、创作者和收藏家。两位化名Zodd和Guts的创始人于2022年1月推出了该平台，由11名成员组成

LooksRare 主界面

的团队负责项目的开发。LooksRare旨在成为当前占市场主导地位的OpenSea的有力竞争者，并试图采用强大的Web3.0来实现这一目标，这意味着LooksRare产生的收入将以奖励的形式分配回社区。

自从大多数NFT爱好者进行交易以来，OpenSea就一直主导着NFT交易市场，因此，其表现远远优于业内任何其他市场。在没有有力的竞争对手的情况下，该平台已经成长为如今的"巨人"。LooksRare平台诞生的意义是撼动OpenSea在NFT交易市场的主导地位。对于NFT爱好者来说，LooksRare是一个值得关注的项目，它是以社区为优先的NFT市场，它拥有可靠的奖励系统，使从交易者到质押者的每个人都受益。它基于区块链技术原理工作，旨在成为满足所有NFT需求的领先的去中心化市场。LooksRare平台一经推出便轰动一时，在2022年1月10日首次亮相后不久，销售额就超过10亿美元，一周的总销售额大约为OpenSea同期总销售额的40%。

虽然现在说LooksRare给OpenSea构成了威胁可能还为时过早，但LooksRare的一些战略决策是有优势的。区块链信息的透明度与卖家上传产品信息的eBay不同，NFT数据记录在区块链上供任何人使用。因此，LooksRare可以访问与OpenSea相同的数据，并且能够在第一天就匹配其库存。LooksRare已经能够解决供应困境问题，以留住用户。

该平台的另一个更重要的特点是，可以通过交易流行的收藏品来赚取LOOKS通证作为奖励。一旦收藏品在LooksRare上达到1000ETH的交易量，买卖双方就都有资格获得相应的LOOKS。大约44.1%的通证供应总量被分配给大量NFT收藏品的"交易奖励"，这对买卖双方来说都非常具有吸引力。该平台功能的各个方面使其成为OpenSea在数量上的竞争对手。该平台仅收取 2%的费用，并直接以LOOKS和wETH[⊖]支付给LOOKS质押者；而OpenSea则将费用支付给平台本身。质押LOOKS目前可以获得相当不错的年收益率。对于创作者来说，平台的智能合约意味着创作者的版税能立即以LOOKS的形式支付。而在OpenSea上，创作者索取版税可能需要更长的时间。

工作原理

1．如何与 OpenSea 竞争

LooksRare平台的激励机制揭示了这是如何实现的。LooksRare向 2021年6月16日至2021年12月16日期间在市场上交易至少3个ETH（价值约9630美元）的OpenSea用户免费空投LOOKS通证。当一个平台使用这种激励机制来吸引其顶级用户时，这种策略被称为"吸血鬼攻击"。LooksRare是第二个使用这种策略对抗OpenSea的平台，第一个是Infinity。

更重要的是，LooksRare巧妙地提供了立即质押LOOKS通证以获得丰厚奖励的能力，LooksRare对所有交易收取的2%的佣金重新分配给质押池，从而用赚取更多收益的机会取代了兑现空投通证的可能性支出。LooksRare提供了较低的费用和丰厚的贡献者奖励，这吸引了大量的收藏品买家和卖家。

2．LooksRare 如何运作

LooksRare 建立在以太坊区块链之上，允许参与者交易OpenSea上

⊖ 在以太坊上发行的符合ERC-20标准的加密货币通证。

可用的以太坊NFT。该平台对所有NFT交易（不包括私人销售）收取2%的佣金（以 wETH为单位）。从交易中累积的wETH在每6500个ETH块期（大约24小时）结束时合并，并在接下来的6500个ETH块期期间，将费用收益分配给每个LOOKS通证质押者。用户可以随心所欲地领取wETH奖励，但每次取款都必须支付区块链网络手续费。如果他们忘记领取wETH，或者更愿意等到区块链网络手续费降低，那么只要他们的LOOKS通证保持质押，他们的wETH就会继续积累。

平台特色

1．社区优先

LooksRare将自己定位为"参与奖励的社区优先NFT市场"。理论上，LooksRare的功能与OpenSea相同，后者是一个去中心化的NFT平台，可以在其中购买、出售和拍卖NFT。LooksRare最大的特点是它是一个社区优先的NFT平台，这使得它在区块链社区中优于OpenSea。由于LooksRare的智能合约是建立在模块化系统上的，因此可以随着时间的推移有效地实施新功能。由于标准化的签名以透明的方式概述了执行计划，因此该平台可以在不影响安全性的情况下这样做。

2．激励驱动

从权益质押（Staking）到交易，LooksRare有一个精心策划的激励机制来吸引用户。该平台向LOOKS质押者赠送100%的平台佣金作为奖励。一旦NFT被交易，LooksRare就会立即向创作者支付版税。然而，在OpenSea上，NFT创作者甚至需要等待数周才能收到他们的版税。

平台规模

截至2022年4月2日，根据Dappradar的数据，LooksRare平台近一个月用户数约为15690人，NFT的总交易数量达38850笔，交易总价值约34552万美元。按当前月交易总价值量排行，LooksRare排名第3，Magic Eden和OpenSea排在其之前。

Decentraland

Decentraland 是一款在以太坊上运行的DAPP，旨在激励全球用户共同运营一个共享的虚拟世界。Decentraland 用户可以买卖数字房地产，同时在虚拟世界中探索、互动和玩游戏。随着时间的推移，该平台已经发展成为用户实施交互式应用程序、世界支付和点对点通信的平台。

Decentraland使用了两种区块链上的通证：Land（一种NFT），用于定义数字地产地块的所有权；MANA（一种同质化代

Decentraland **界面**

币），用于促进购买 Land、Decentraland 中使用的虚拟商品和服务以及平台治理。Decentraland 软件的更改是通过一系列基于区块链的智能合约来实现的，这些智能合约允许拥有 MANA通证的参与者对政策更新、土地拍卖和新开发补贴投票。

工作原理

1. Decentraland 工作原理简介

Decentraland 应用程序旨在跟踪由 Land定义的房地产地块，为了完成这个目标 Decentraland利用以太坊区块链来跟踪这片数字土地的所有权，并要求用户将其 MANA 代币保存在以太坊钱包中以参与其生态系统。Decentraland 规定开发人员可以通过设计虚拟地产上的动画和交互，自由地在Decentraland 的平台内进行创新。

2. Decentraland 框架

Decentraland 有许多使用以太坊智能合约构建的分层组件。Decentraland包括共识层、内容层和实时层。

1）共识层维护一个账本，跟踪地块的所有权。Land 的每个地块在虚拟世界中都有一个唯一的坐标、所有者和对代表地块内容的描述文件的引用。

2）内容层控制每个包裹内发生的事情，并包括渲染它们所需的各种文件：内容文件、脚本文件和交互定义。其中内容文件包括引用的所有静态音频和视频；脚本文件包括定义引用内容的位置和行为；交互定义包括点对点交互，例如手势、语音聊天和消息传递。

3）实时层通过用户头像促进 Decentraland 内的社交互动，包括语音聊天和消息传递。

3．Decentraland 交易市场和建设者

在Decentraland游戏环境之外，Decentraland 团队发布了一个交易市场以及用户可以访问以构建场景的编辑器。

1）交易市场使参与者能够管理和交换以 MANA 计价的 Land。所有者可以在市场上交易或转移包裹和其他游戏内物品，例如可穿戴设备和特殊名称，所有交易都在以太坊钱包之间结算，由以太坊网络验证并登入其区块链。

2）Decentraland 的构建器工具授权所有者在其 Land 地块内策划独特的体验。交互式场景是通过其编辑器设计的，开发人员可以在其中实现自定义库和支付。

平台特色

1．Decentraland 特点

1）Decentraland 旨在通过使用区块链技术重建基于虚拟空间的自由市场。

2）Decentraland 拥有可定制的外观，用户可以在数百种免费服装和配饰中进行选择。

3）用户可以在 Decentraland 上构建场景和完整的环境，平台为用户提供了一个场景池，其中包含来自用户的各种贡献。

4）除房地产地块外，Decentraland 市场还为用户的虚拟化身提供各种不同的可穿戴设备（服装）。

5）在发布时，可交易房地产是Decentraland 的主要用例之一。

6）Decentraland 上的所有商品都是带有预先指定的失效日期的。

7）去中心化自治组织（DAO）进一步强化了 Decentraland 众

所周知的自由市场结构。它引入了一个治理系统，使社区能够获得资金、赠款提案和社区投票。

8）Decentraland 提供了一个完全虚拟的世界，使用户能够创建、居住和赚取虚拟现实（VR）资产以及所提供的服务。

9）Decentraland 还为用户提供各种活动，包括派对、赌场之夜、虚拟画廊等。

10）Decentraland 的一个独特功能是它是一个使用多个服务器的点对点（P2P）和可扩展平台，这使其成为企业的完美解决方案。希望在虚拟空间中模拟真实世界的公司在使用 Decentraland 时可以使用游戏内广告、财产分配服务。

2．Decentraland 优点和缺点

优点：

1）Decentraland 的社区治理得到安全咨询委员会（SAB）的支持。

2）Decentraland 中的用户可以选择拍卖 NFT 和出售 Land 以获得 MANA。

3）Decentraland 正在不断升级以确保将新功能引入协议。

缺点：

1）Decentraland 中目前仍缺乏引人入胜的内容。

2）Decentraland 的地形缺乏变化。

NBA Top Shot

NBA Top Shot 是一个基于区块链的平台，允许球迷交易特定编号版本的官方授权视频集锦的 NFT。NBA Top Shot 由美国职业篮

球联赛与 Dapper Labs 合作创
建，旨在让 NBA 球迷能够以
NFT收藏品的形式收集令人难
忘的时刻。平台交易的NFT由
NBA比赛亮点制成，由专员
挑选，并以限量系列的形式
发行。就像许多 NFT 项目一

NBA Top Shot 主页面

样，有些亮点将拥有数千份可用副本，另一些则难以获得。每份
NFT中还带有许多数据，例如当时的球员统计数据和表现，这使得
这些收藏品不再是简单的视频文件。

值得一提的是，这些 NFT 收藏品的所有者并不拥有这些素材
的实际权利。他们确实拥有收藏品，但 NBA 仍然是版权所有者。

工作原理

NBA Top Shot 本质上是一个在线NFT交易平台，供用户竞标、
购买和出售 NBA 球员的精彩时刻NFT，它基于Flow 区块链。

这些藏品首先由NBA 剪辑精彩片段，然后 Dapper Labs 决定其
要出售的每个精彩片段的数量并编号。Dapper Labs将每个亮点放入
数字礼包中，就像普通的交易卡一样，并在NBA Top Shot 官方网站
上以 9～230 美元的价格出售这些礼包。礼包价格取决于亮点的质
量、明星的影响力等因素。

当用户购买了一个礼包，这些精彩片段就会进入用户加密的、
安全的钱包，以便在 NBA Top Shot 市场上"展示"或转售。用户
可以在特定时间范围内购买礼包，每个礼包的价格从 9 美元（普通

级）到 230 美元（传奇级）不等。

当NBA Top Shot 礼包在官方网站上线时，该网站会根据用户单击实时链接的速度将用户排入队列。队列通常会在几秒钟内填满，而且先到先得。一旦礼包售罄，用户就只能在平台市场上买卖这些精彩片段。

Async Art

Async Art是一个用于制作动态和交互式NFT的创作平台。Async Art开创了"可编程艺术"的先河，其中艺术和音乐可以根据现实世界的事件和数据或拥有这些作品（或者作品一部分）的所有人而改变。在Async Art上，创作者可以将他们的工作分配到图层（Layer）中并单独标记它们以获得所有权和控制权。Async Art创作者为这些图层赋予所有者可以随时修改的能力，这包括修改状态、位置、旋转或比例等能力。多个图层相互叠加最终构成一幅完整的艺术作品，各个图层NFT的所有者可以通过修改相关参数来

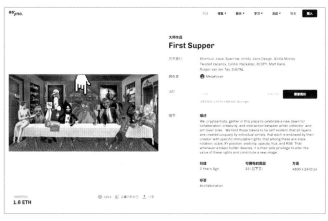

Async Art 界面

动态改变最终作品的形态。当创作者在Async Art上出售使用Async Canvas工具制作的作品时，Async Art会收取10%的佣金，并对任何二次销售收取1%的手续费，而且创作者在平台上转售他们的艺术品时会获得10%的版税。

Async Art的诞生是一场艺术试验，它尝试对艺术进行编程。艺术领域的最新进展是能够使用以太坊在线标记和销售艺术品。虽然这是惊人的第一步，但是它仍然模仿了物理世界的运作方式。将艺术品通证化并交易不是一个新鲜话题，但如果艺术品可以随着时间的推移而发展，并对所有者做出反应，或者从外部世界获取数据，那将会是一种全新的体验。可编程艺术是一种新的运动，创作者将他们的作品解构为图层并赋予它们可以被动态修改的能力。

为了展示这项新技术的功能，Async Art推出了首个可编程艺术品——这是一个包含 13 位不同创作者作品的协作作品，被恰如其分地命名为*First Supper*。参与的创作者包括：Alotta Money、Blackboxdotart、Coldie、Connie、Hackatao、Josie Bellini、Mlibty、Rutger van der Tas、Shortcut、Sparrow、TwistedVacancy、XCOPY和VansDesign。该作品并不是一幅简简单单的静态图片，而是由22个图层组成的可编程艺术品。*First Supper*的每一个图层都有独立的所有权和控制权，Master（主画布）和22个图层在以太坊上分别被通证化，也就是说*First Supper*这幅画，一共有1个主作品NFT和22

不同图层组合的 NFT

个不同的图层NFT。在每一个图层页面上，创作者和所有者的名字被同时展示，并且图层 NFT的所有者能够随时改变图层的设定。

Async Art是一个NFT交易平台，由以太坊区块链网络和Pinata Cloud提供支持，托管多层可编程数字艺术品。它们提供构成艺术品基础的大师级艺术品，以及更新艺术品外观的附加层。该平台于2020年2月推出，已经有超过500 万美元的出价金额和超过100万美元的艺术品销售额。该平台所属公司目前得到8位投资者的支持，并于2021年2月18日在种子轮融资中筹集了200万美元。种子轮融资的投资者分别是 Divergence Ventures、Collab+Currency、Inflection Ventures、The LAO、Blue Wire Capital、Lemniscap、Semantic Ventures 和 Galaxy Interactive。

在经过融资后，Async Art于2021年4月推出了Async Music，音乐创作者能够使用Async Music将自己的歌曲通证化为主作品或某个音轨。Async Music中引入了"空白唱片通证"的概念。这些通证是可替代的（遵循ERC1155标准），能够被"刻录"，从而记录Async Music上一条音轨的实时状态。通过这种方式扩大作品参与者的范围，参与者将不再局限于主作品和各个音轨的所有者。同时，空白唱片具有白金、黄金和白银三种等级。

平台特色

Async Art是世界上第一个基于以太坊区块链的可编程加密艺术平台。随着NFT市场的蓬勃发展，Async Art采用了一种独特的方法，允许创作者为他们的NFT添加功能和可编程特性。Async Art上的艺术品不是最终形态，而是可以根据其所有者或公共数据进行更改的。通过实现艺术品的共享所有权和对其外观的动态影响，Async Art正在颠覆现有的艺术概念，并为全新的可编程艺术铺平道路。

工作原理

Async Art把艺术品分拆成主画布和图层两个概念。主画布是作品的主体体现形式，一个主画布由多个图层构成。主画布除了表示整个作品外，还包括储存在IPFS上的一个配置文件，主要记录了其包含图层的图片和图层在主画布中的位置等信息。图层是具体的、可见的作品，也被储存在IPFS上。图层有多个参数，如创作者、所有者、所属的主画布以及图层参数等。图层参数会由创作者预先设置好，如调整颜色、比例、旋转角度、透明度等。图层NFT的所有者拥有对这些参数的控制权，并且可以对图层进行更改以改变主画布的视觉外观。这意味着当收藏者购买图层NFT时，他们有机会直接影响创作者的作品。举个例子，第一幅被拍卖的作品*First Supper*（《最初的晚餐》），它包含了人物、家具、背景、装饰品等总共22个图层。例如，第1层包含背景壁纸，且有多种状态，全部由艺术家Shortcut提供。

可编程音乐的工作原理类似于可编程艺术品，每首乐曲都由一个主音轨NFT和多个副音轨（Stem）NFT组成。副音轨NFT实际上与图层NFT相同，它们有能力改变主音轨的形式。

平台规模

根据Cryptoart.io的相关数据，2022年3月份，Async Art平台的

NFT总销售额仅为10.78万美元。Async Art的累计主画布NFT销售额约为200万美元，累计图层NFT销售额为230万美元，在总体NFT市场中占比较低。在DappRadar的统计中，2022年3月份的Async Art总交易数量为665，独立钱包地址为113个。

Foundation

Foundation是一个基于以太坊的NFT交易平台，它于2020年5月首次发布，并于2021年2月正式推出，其专注于创建一个强大的NFT创作者和收藏家社区。Foundation旨在建立一个新的创意经济的平台，创作者可以使用以太坊区块链以全新的方式评估自己的工作，并与自己的支持者建立更牢固的联系。Foundation目前拥有26万名注册会员和超过10万个待售NFT作品。所有NFT都使用ETH结算，用户必须在其钱包中拥有ETH才能在拍卖中出价。Foundation平台上目前提供三种类型的NFT，分别为图像、视频和3D艺术品。

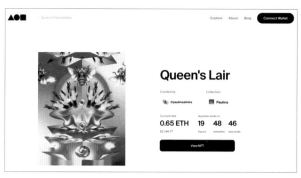

Foundation 主界面

Foundation提供一种简单、朴实无华的数字艺术竞标方式，其销售操作基于以太坊进行。自2021年年初推出以来，它已经售出了超过1亿美元的NFT。Foundation邀请艺术家加入；买家也只需要拥有以太坊的加密货币钱包即可开始购买。如果你正在寻找一种快速简便的方法来开始创作自己的NFT，那么Foundation可能是个好的起点，但在快速开始NFT交易的条件下它不是最好的起点。

在Foundation上，有两种类型的NFT市场：一级市场和二级市场。一级市场是首次销售的NFT市场，创作者铸造NFT并将其出售给收藏家。二级市场适用于已经出售并正在转售的NFT，收藏家们可以像对一级市场NFT一样对二级市场NFT投标。虽然Foundation对市场上的所有交易收取15%的费用，转售NFT也不例外，但创作者依然会喜欢Foundation提供的10%版税。

Foundation由Kayvon Tehranian创立，Kayvon Tehranian是一位来自美国加利福尼亚州旧金山的企业家，他毕业于普林斯顿大学。在最近的TED演讲中，他讨论了NFT塑造未来互联网方式。Foundation平台以艺术家为中心，重视NFT的质量。NFT市场上鱼龙混杂，NFT创作者难以脱颖而出，收藏家也难以找到优质的数字艺术品。Foundation解决此问题的一种方法是只有被邀请的创作者才能在平台上出售NFT。OpenSea等竞争平台允许任何拥有账户的人铸造NFT并出售它们，但Foundation则不允许，除非他们收到平台或其他创作者的邀请；并且，创作者必须在Foundation上至少成功出售1个NFT才能发送邀请。目前Foundation的邀请备受追捧。要成为NFT的创作者，最好的方法是与Foundation现有创作者建立密切的关系。有抱负的创作者可以访问Foundation上出售的任意拍卖品，并查看拍卖品创作者资料中的联系信息，向其NFT创作者索要邀请。此外，Foundation也会不时向活跃在其Discord频道的创作者发出邀请。

Foundation最有价值的NFT是爱德华·斯诺登（Edward Snowden）的第一个也是唯一一个名为"Stay Free"的NFT。NFT的售价为2224 ETH（当时价值约为500万美元）。其他值得注意的

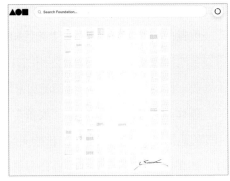

斯诺登"Stay Free"NFT

拍卖包括Nyan Cat，这是一部流行的互联网动画的NFT，由其原始创作者在Foundation上出售。Nyan Cat NFT以300 ETH（约120万美元）的价格出售。

工作原理

创意经济的大爆发，使得市场上充斥着大量低质量的NFT，它们难以被看作数字艺术品。Foundation减少了在其平台上销售的产品类型，让买家能够快速找到具有收藏价值的真正的数字艺术品。创作者将他们的作品上传到Foundation以铸造NFT，作品的文件格式可以是JPG、PNG或各种视频格式。这些作品不会上传到Foundation的服务器，而是存储在IPFS上，IPFS是一个去中心化的存储网络。创作者必须有一个存有ETH的加密货币钱包地址来支付铸造NFT的区块链网络手续费。他们还必须通过支付区块链网络手续费来"签署"交易，类似于在现实生活中签署合同。这证明他们是NFT的原始创作者，他们有权在未来获得相应的版税。新铸造的NFT存放在创作者的加密货币钱包中。创作者完全控制NFT通证，

Foundation永远不能扣留他们的NFT或资金。

受邀的创作者可以在平台上铸造NFT，他们的个人资料与加密货币钱包地址相关联，他们需要使用ETH来支付铸造NFT的区块链网络手续费。收藏家们需要保证他们的加密货币钱包里有ETH用以竞标。

创作者可以在拍卖中以"底价"列出他们的NFT，这是每个NFT的最低出价。一旦有人出价购买NFT，则自动开始24小时倒计时。如果收藏家在拍卖结束后15分钟内出价，拍卖会再延长15分钟。只要在最后一次出价后的15分钟内出价，收藏家就可以无限期地延长时间。赢得拍卖的收藏家会自动将拍得的NFT转移到他们的钱包中。NFT也显示在收藏栏的配置文件下。然后，收藏家可以在其Foundation虚拟画廊中展示他们的NFT，并在社交媒体上分享。另外，他们还可以在二级市场上转售他们的NFT。

平台特色

Foundation更像是一个艺术画廊，拥有来自知名 NFT 艺术家如Kevin Roose、Pak、Jack Butcher等的数字艺术品。Foundation重视与传统社交媒体的结合，NFT所有者可通过社交媒体展示自己的NFT，这增强了数字艺术品的社交属性。在Foundation上，铸造的NFT显示在创作者的个人资料中。创作者可以建立NFT投资组合并出售它。创作者可以通过添加照片和链接社交媒体账户来调整自己的个人资料，并与潜在的收藏家分享有关自己的更多信息。

Foundation是去中心化的。它只作为一个NFT发行和交易平台，而不保管和控制用户的NFT，用户始终对其持有的NFT拥有所有权，资产的安全性由加密货币钱包和区块链网络来保证。

平台规模

根据DappRadar数据，截至2022年4月2日，Foundation平台近一个月的总交易额度约为1922万美元，总交易数约为63790笔，并且该数据呈上升趋势。Foundation平台近一月的独立钱包地址数量为14200个，该数据在所有NFT市场中排名第15。当前Foundation平台上，列出了约21万个NFT作品，以及约2万个创作者。

国内交易平台

国内 NFT 交易平台更多被称为数字藏品平台，主要突出NFT的版权确权与藏品功能，发展方向与国外NFT交易平台有所不同。国内NFT交易平台主要是为了适应国内政策及法律法规，弱化NFT的交易属性，对NFT的二次流动交易要求得更为严格。

互联网头部厂商、国有媒体等均投身数字藏品市场。数字藏品市场在2021年如雨后春笋般不断出现，据不完全统计，2021年国内数字藏品发行平台多达40余家：6月支付宝在"蚂蚁链粉丝粒"（现名"鲸探"）限量发售敦煌飞天与九色鹿两款付款码NFT皮肤；7月网易旗下《永劫无间》端游授权发行 NFT 盲盒；8月腾讯上线"幻核"APP，售卖数字藏品，与《十三邀》合作共同开发"有声《十三邀》数字艺术收藏品NFT"；字节跳动旗下的TikTok、B站、视觉中国、小红书、京东等也陆续上线了相关数字藏品。此外，新华社、中央广播电视总台、人民网等国有媒体也参与和发布了相关的数字藏品。

NFT 中国

NFT中国（NFTCN）是Bigverse旗下集数字藏品上链、推广、交易为一体的综合平台，于2021年5月20日正式上线。无论是在规模、交易量、活跃度上均占巨大优势。NFT中国始终致力于：促进传统艺术家转型，提升新锐艺术家创造价值，使数字藏品收藏成为潮流；打造人人都能参与的NFT生态。其定制化打造的NFT铸造系统，一键操作、零门槛，用户无须手动创建加密货币钱包，即可实现在平台上自由铸造、售卖、交易NFT数字艺术作品。

NFT中国在国内率先采取IPFS去中心化存储方案。NFT中国拥有完整成熟的内容生态，聚集了全球最优秀的数字艺术家和数字藏品。为了保证数字藏品的质量，NFT中国平台上发售的数字藏品采用"注册制"，人人都可以用手机在1分钟之内铸造出一个NFT。NFT中国是目前全球最容易上手的平台之一，也是亚太地区NFT作品数量最多的平台之一。该平台的NFT铸造过程虽然简单，但也有严格的审核机制，从而保证数字藏品生态的健康。目前数字藏品主要涉及艺术品、音乐、运动、娱乐、游戏、明星IP等文娱领域。NFT中国的元宇宙也是在众多平台中率先上线的，在NFT中国的元宇宙中，所有的物件均是NFT。该元宇宙为创作者和收藏家都打造了一个良好的体验场景，让NFT价值得到放大。目前元宇宙小镇中已有"灵境空间""极境空间"。"灵境空间"以居民区为主，有酒吧、中央广场等社交场所。"极境空间"以商业区为主，已有众多知名品牌入驻。

NFT中国是杭州元宇宙科技有限公司旗下品牌，是一家元宇宙 Web3.0 品牌，是集数字艺术创新、元宇宙空间打造以及内容生态社区创建于一体的新时代元宇宙品牌，旗下拥有 NFT 中国数字藏品交易平台、大元宇宙空间。NFT 中国推出实物芯片（NFTCN Chips）、私人 NFT VR 藏品室，以及开创去中心化存储等技术方案，用户能够使用人民币自由便捷地铸造、售卖、收藏数字藏品，享受区块链革新带来的艺术价值。NFT 中国致力于为新时代居民提供一个"开放、有趣、有审美、有灵魂"的创作分享交易空间。NFT 中国平台核心团队成员拥有麻省理工学院、斯坦福大学、清华大学等名校背景，股东有雄厚的实力，这都为平台长期战略性发展提供了重要保障。其发展至今已成就了成千上万的新时代数字艺术家，该平台也已经成为目前亚太地区规模最大、交易最活跃的 NFT 交易平台。

　　NFT 中国以"共创、共享、共治"的发展理念，立足科技赋能艺术，围绕数字艺术创新，弘扬中国文化，传播中国故事，为中国数字艺术产业实现高质量发展贡献新力量。目前，NFT 中国已经建立了完善的创作者发掘、孵化机制，为海内外用户提供 NFT 作品铸造及确权服务，捕捉数字藏品的全部潜在价值，力求促进传统艺术家转型，推进新锐艺术家获得价值体现，满足收藏者们对精神世界的追求。

技术优势

1．超高的团队执行力

2021 年 4 月，NFT 中国团队组建。

2021 年 5 月，NFT 中国平台第一版测试上线。

2021年6月，NFT中国推出创新性去中心化存储方案，成为我国加密艺术领域的行业标杆。

2021年7月，Bigverse成立，完成高樟资本数千万级天使轮融资。NFT中国成为Bigverse旗下数字藏品综合交易平台。

2021年9月，NFT中国仅用3个月的时间就冲进全球NFT交易平台前五名（第四名），平台艺术家数量及交易额均处我国领先地位。

2021年11月，NFT中国与藏十年公益组织合作，联手铸造公益NFT作品。

2021年12月，国宝级大师黄月、原中国国家博物馆馆长陈履生相继入驻NFT中国，与NFT中国达成深度战略合作。

2022年1月，张大千限量亲笔签名实体版画结合NFT数字藏品在NFT中国同步上线。

2022年3月，Bigverse完成数千万元A轮融资，本轮融资由坚果资本领投。

作为国内第一家NFT消费平台，仅3个月时间，NFT中国便冲进全球NFT交易平台前五。3个月密集的进展和成绩体现了NFT中国团队的野心和超强的执行力。

2．迎合国内用户消费习惯的技术平台

NFT中国采用人民币支付体系，用户不再需要在英文环境中使用交易平台，不再需要安装加密货币钱包，也不再需要购买虚拟货币，可直接使用人民币结算。NFT中国在用户体验上达到了全球领先水平。

3.全球顶尖内容生态

NFT中国的目标远不止于做一个交易平台，而是布局"区块链+内容+社区"的元宇宙迁徙通道，打造一个完整的UGC（用户生成内容）生态。NFTCN 中国利用交易平台赋能艺术家，提供版权保护、流量扶持、市场数据图谱、交易结算等一站式基础设施服务，帮助合作的艺术家们增加作品曝光、提高作品流通性。艺术家在NFT中国的帮助下源源不断地向市场提供优质作品；NFT中国的创作者University活动聚集了全球顶尖的艺术家和优质作品，也吸引了国内顶级的收藏家。随着市场对NFT热情的高涨和关注，第一批"敢吃螃蟹"的NFT艺术家已经获得了丰厚的物质回报。

4.最低的交易成本

NFT中国上线Layer 2分层技术，将交易手续费降低了约95%，固定为33元，是OpenSea的1/20。极低的交易成本使得大批用户涌入NFT中国，聚集了海量NFT购买用户。海量用户和极低的交易成本催生了活跃的交易生态，为数字藏品提供了良好的流通性，这种活跃的生态最终将NFT中国推上了国内总成交额第一名的位置。

NFT 中国界面

Bigverse 界面

正是凭借超强的团队执行力、技术全面领先的平台、极佳的用户体验、全球顶级的内容生态，NFT中国能在上线短短3个月的时间内，就冲到NFT交易的全球第四名。

鲸探

鲸探平台原名"蚂蚁链粉丝粒"，是支付宝参与打造的基于蚂蚁链的数字藏品发布平台，于2021年6月推出，切入点为基础设施、平台流量及内容生态。该平台前身是支付宝上的小程序，之后更名为"鲸探"，它积极开拓自身涉及领域，开展各类活动并丰富平台生态。

蚂蚁链作为国内外领先的区块链技术服务提供方，积累了大量区块链等相关领域的核心技术，并在数字版权领域与相关行业机构、产业伙伴共同完成诸多创新探索和实践，是很多头部数字藏品

IP方进行数字化艺术探索的首选。基于此，用户可以通过蚂蚁链鲸探平台支持自己喜爱的数字藏品和艺术家，当用户拥有蚂蚁链支持的数字藏品时，鲸探平台可提供收藏欣赏、向好友展示和赠送的功能（具体以鲸探实际提供的功能和服务为准）。

鲸探平台倡导"因喜爱而分享，是数字藏品更美好的体验"。目前，鲸探平台支持NFT无偿转赠功能，以满足用户与同样热爱数字藏品的好友或藏友分享、收藏及研究的需求。因为数字艺术品转卖容易引发炒作，不符合国内相关政策，也违背了平台数字藏品服务的初衷，故鲸探平台不允许用户对数字藏品进行转卖，平台上也没有二级市场。用户要无偿转赠也需满足一定的条件，需在购买数字藏品180天后，才可以向年满14周岁的支付宝好友转赠。目前这一服务只面向中国大陆居民，且需要在支付宝上进行实名认证并要通过风控监测，获赠方如想再次转赠，必须等待2年才可再次发起转赠。

近期动态

蚂蚁集团在IP版权领域发起宝藏计划，希望用科技赋能传统文化IP，推动数字化新趋势。目前，已经有各类博物馆、非物质文化遗产、书法艺术作品等经典传统文化IP通过蚂蚁集团的平台发行了相关数字藏品。

2021年5月，阿里拍卖的"聚好玩"在"520 拍卖节"上推出NFT 数字艺术专场，拍卖艺术家万文广的《U107–无废星球系–柜族之梵高》等多件数字藏品。

2021年6月，阿里巴巴基于自主研发的联盟链（蚂蚁链）推出支付宝"蚂蚁链粉丝粒"小程序，并举办青年艺术家数字藏品拍卖活动。在此次活动中，阿里巴巴邀请了40位青年艺术家，推出了近200幅数字藏品，涵盖朋克、混合媒介、科技艺术等众多系列。例如David Agee的作品*Ego Dystonic Series 3*、角宿的作品《山河九歌》系列、聂慧征的作品《太极》、贾鹏森的作品《宇宙幻想》系列、罗晶晶的作品《不烦兔十二星座》系列，全部数字藏品以一元作为起拍价进行竞拍。除了上述数字藏品之外，阿里巴巴还与知名国产动漫《刺客伍六七》展开合作，并推出4款数字藏品付款码皮肤。

2021年8月，阿里巴巴携手版权联盟组织的区块链底层基础设施"新版链"，发起"数字版权资产交易频道"，为各个领域相关著作权人提供确权及版权交易服务。

蚂蚁链还依托阿里巴巴在各大IP领域的积累，积极与相关动漫、文博、体育、艺术等领域的公司或机构展开合作，进一步推出更加多元化的数字藏品。

2021年9月，在动漫领域，阿里巴巴与站酷展开合作，共同发起国漫IP设计大赛，向国内动漫设计师及艺术家发起邀约，对《喜羊羊与灰太狼》等六大经典国漫IP进行改编或二次创作，此次大赛最终的获奖佳作"赛博朋克喜羊羊/灰太狼"数字作品于2021年12月14日上线蚂蚁链。

在文博领域，2021年10月"宝藏计划001期"上线，阿里巴巴与故宫、国家博物馆、河南博物院、海南博物馆等 17家文博机构展开合作，邀请这些机构在蚂蚁链提供的技术支持下发行数字藏品。

2021年12月"蚂蚁链粉丝粒"完成品牌升级，正式更名为"鲸探"，软件版于2021年12月25日和12月28日上线苹果应用市场和安卓应用市场。

"鲸探"也在体育领域与众多机构展开了合作。欧洲杯期间，"鲸探"与赛事举办方合作为射门榜前三甲球员颁发基于蚂蚁链的"上链"奖杯，2021年12月联合中体数科发行"首届北京马拉松纪念徽章""2020 欧洲杯得分王数字奖杯"等体育数字藏品。

2022年1月19日，支付宝"集五福"例行年度活动正式启动。2022年有24家博物馆（院）使用区块链技术开展迎五福系列活动，借助"鲸探"发布源自"虎文物""十二生肖文物"及"镇馆之宝"的3D数字藏品。用户可以在"鲸探"小程序中获得这些数字藏品，使用数字展馆功能分类展示并与亲朋好友分享，从而让更多人关注和了解传统文化。

2022年1月10日，"鲸探"支付宝小程序近期使用人数超过70万。

2022年2月25日，"鲸探"推出互动养成型数字藏品"小块兽"，全球发行5万份。据介绍，每一个"小块兽"都拥有不同的外貌特征及"神奇力量"，而用户的选择将影响"小块兽"的外貌与力量。

"鲸探"界面

2022年3月1日，"鲸探"平台携手秦始皇帝陵博物院，发行首款文创数字藏品。此款文创数字藏品源自秦始皇帝陵博物院一号铜车马，该文物是我国考古史上发现结构最为复杂、体形最庞大、保存最完整的青铜车马。一号铜车马文创数字藏品还原了其形态与设计细节，图文介绍页面详细描述了铜车马背后深厚的历史性与艺术性，让新一代数字收藏家成为中华传统文化的传递者与继承者。

2022年3月21日，"鲸探"平台推出大美河山系列数字藏品，六处世界文化遗产——长城、颐和园、泰山、黄山、福建土楼、泉州陆续发行数字藏品。用户购买成功后，可以在"鲸探"平台近距离观摩建筑构造特点，也可以策划数字展馆分享邀请好友逛展。中国长城学会长城IP文创工作委员会负责人表示：长城是中华文明的重要象征，是中华民族的代表性符号，凝聚着亿万中国人的奋斗精神和爱国情怀。本次推出中国长城十三关系列数字藏品是一次新的尝试，希望运用新时代的文化推广方式将长城文化和长城精神传递给年轻人，以文化创新立文化传承。

目前，"鲸探"平台上发行的数字藏品来源主要为中国传统文化相关IP，占比超过70%。

幻核

继阿里巴巴旗下支付宝入场NFT市场之后，另一互联网巨头腾讯公司也开始尝试进入NFT市场，并于2021年8月2日推出综合性数字藏品交易平台"幻核"，该平台隶属腾讯公司下属平台与内容（PCG）事业群。

"幻核"首期限量发售300枚"有声《十三邀》数字艺术收藏

品NFT"，希望实现艺术与技术的结合。该NFT由腾讯新闻和单项空间联合出品，藏品描述称其可能是国内首个由视频谈话节目开发的数字音频 NFT 藏品。《十三邀》为腾讯出品、许知远主持的一档访谈节目，首播于2016年。"幻核"APP显示，腾讯这次发售的NFT藏品为13位人物语录，用户购买前可进行互动体验，购买后可拥有专属镌刻权。该系列收藏品中写道：作为新一代的数字文化，数字收藏品也让思考得以超越物理介质被铭记。

"幻核"平台的数字藏品包括视频、音频、图像、3D模型等形式，数字藏品通过哈希化后，生成一张独一无二的数字证书，并发布在底层区块链上，达到永久存储、不可篡改、不可复制、不可分割的效果，用户无须担心运输、存储、流通等流程中可能产生的丢失、盗窃、损坏等问题，在"幻核"APP中就可以实时观察到自己购买的数字藏品的全部信息，可以更加方便快捷地管理自己的数字资产。

"幻核"NFT发行的联盟链的底层平台是至信链。至信链是腾讯公司联合生态伙伴北京枫调理顺科技发展有限公司，基于国产开源自主可控的"长安链"技术底层，共同发布的可信存证区块链平台，旨在为价值互联网提供低门槛的上链方案，让信息成为资产，让价值自由流动。至信链目前已接入10余家社会各界公信力机构，包括国家工业信息安全发展研究中心、四川省高级人民法院、深圳市中级人民法院、深圳市前海公证处等，致力于共同打造可信数字生态，搭建了从电子数据到电子证据的可信通道，实现电子数据可信保存、安全传递、合法使用，可适应取证、公证、版权认证等多种应用场景，为信息互联网提供各类信任解决方案。

目前，"幻核"的数字藏品，限时抢购，价格固定；为适应政策需要，"幻核"强调了数字藏品的非货币属性，仅承载数字资产价值，可被爱好者收藏。用户在"幻核"购买数字藏品前需要进行实名认证，且需保证实名认证信息与手机号码认证信息一致，在完成身份证、人脸识别两步组成的实名认证后，用户可获得至信链的区块链地址。另外，"幻核"在服务协议中，强调所售NFT均不可二手交易，除法定情形外，不可转让、赠送或要求退费。

近期动态

数字藏品平台"幻核"与腾讯的文娱生态布局合作得较为紧密，未来将持续挖掘文娱领域网文、影视动漫和游戏IP的衍生变现价值。大文娱生态布局各领域数字内容及IP资源储备丰厚。在网文领域，腾讯旗下的阅文集团推出了国内首个网文IP数字藏品《大奉打更人之诸天万界》。

在影视动漫领域，2021年11月"幻核"联合腾讯动漫共同发行《一人之下》主题数字藏品共六款，以"卷轴秘籍"为概念，围绕花草水墨主题的国风形象设计，总发行6000枚，单价98元，一经发售一秒售罄。2021年11月11日，腾讯为其员工发放了23周年纪念版NFT，共发行72000枚，几乎每一个腾讯员工都领到了一款独属于自己的NFT礼物，此举广受好评。

2022年2月5日，"幻核"平台发售"植选·京韵冬奥"主题包装数字藏品，凝练出京韵概念，结合冰雪元素，借鉴中国传统书法，并契合冬奥主题，赋予数字藏品致敬及纪念的意义，以此共同助力冬奥会，为冬奥健儿加油。

2022年2月9日，"幻核"平台发售"故宫美妆鹤禧觉色"数字折扇。"故宫美妆鹤禧觉色"是以故宫IP为基础的中国美妆民族品牌。"幻核"携手故宫美妆鹤禧觉色，共同打造数字折扇藏品，以数字艺术传承中国千年风雅，致敬中式传统美学。

2022年2月18日，"幻核"平台发售《狐妖小红娘》元宵数字副卡。《狐妖小红娘》改编自庹小新创作的同名漫画作品，其在腾讯动漫上的点击量高达170亿次，漫画评分高达9.7分，是全国最有影响力的顶级动漫IP之一。

2022年2月23日，"幻核"平台发售十二生肖数字画票。本系列十二生肖数字画票由文化和旅游部直属央企旗下中国文化传媒新文创（IP）平台授权发行。原画由当代知名大写意画家仇立权所绘，画风独特，雅俗共赏，是"笔墨当随时代"的杰作。

2022年3月29日，"幻核"平台发售洛阳龙门数字石刻藏品。龙门石窟是世界文化遗产，是世界造像最多、规模最大的石刻艺术宝库，代表了中国石刻艺术的最高峰，具有最高的国家水平、世界级影响力，是中国石窟艺术的里程碑。

"幻核"界面

灵稀

2021年11月22日京东召开例行的"JD Discovery——京东全球科技探索者大会",每位参与会议的用户提交报名材料后就可以免费获得"2021 JDD大会NFT纪念凭证"。该NFT纪念凭证在京东智臻链上发行,代表京东开始迈入区块链NFT领域。

"灵稀"NFT平台依托京东智臻链搭建,智臻链的类型为联盟链,每秒处理事务量(TPS)可达2万条,是京东科技旗下的区块链底层技术平台。智臻链致力于为企业需求提供安全可靠的区块链服务,并积极研究联盟链相关技术以解决供应链流通、金融领域、公益事业、医疗卫生领域、数字版权确权、技术合作交流等众多应用场景的数据管理存证与版权流转难题,促进信息的安全可靠高效流通,共建可信价值网络。

在购买规则方面,"灵稀"同样要求用户购买前进行实名身份认证,且明确说明因数字藏品的特殊性,购买成功之后,将不支持退换。同一数字藏品,一个实名认证有效身份信息仅限购买一份,购买记录将会存储在京东的区块链网络之中,公开透明且无法篡改。

根据国家政策相关要求,京东同样明确了数字藏品属性,"灵稀"平台的用户协议中指明,购买数字藏品的用户可以对数字藏品进行研究、展览、欣赏、收藏。但是数字藏品的知识产权或其他权益归发行方或权利人所有,用户购买所得的数字藏品一般情况下不能用于任何商业用途,如需进行商业使用,需要获得发行方或权利人的授权。根据相关协议,"灵稀"平台严禁用户炒作数字藏品或进行场外交易,违反规定的用户可能会面临封禁处罚。此外,"灵稀"平台保留根据法律法规及业务调整对服务进行变动的权力。

近期动态

2021年12月17日，"灵稀"平台正式发布，在京东APP搜索"数字藏品"，即可进入"灵稀"小程序。同时，首批以京东吉祥物"Joy"为设计原型的"JOY&DOGA"系列数字藏品已正式开售。根据官网上的相关介绍，首批数字吉祥物共6款，分别代表京东集团的一个关键领域：零售、科技、物流、健康、金融和智慧城市。发售价格为每个9.9元，单版限量2000份，该数字吉祥物发售当天即售罄，相关销售所得被捐给公益事业。

"灵稀"平台还上线了4件萧剑波先生的江南牙刻系列作品《四大才女牙刻图》和5件《山海神奇动物》系列作品，目前均已售罄。"灵稀"平台发布的部分系列藏品将助力"罕见病医疗援助工程"，销售收益将捐赠给中华社会救助基金会，用于支持罕见病患援助工作。由于京东长期以来建立的流量优势，"灵稀"平台数字藏品销售均很顺畅。购买过数字藏品的用户可以在京东区块链浏览器（http://jdd-nft.jd.com）中查询相关交易及数字藏品归属。

"灵稀"界面

元视觉

　　"元视觉"平台是视觉中国旗下视觉艺术数字藏品平台，于2021年12月26日上线。这标志着视觉中国"区块链+"战略正式落地，正式进入2C的数字藏品赛道。该平台基于摄影师社区——500px，依托视觉中国20多年积累的版权内容、平台交易、技术创新优势，由长安链提供区块链技术支持，将数字内容转化为数字资产，依赖区块链技术生产唯一数字标识，保证数字资产的唯一性和真实性，帮助艺术家创作的特定艺术作品实现不可分拆、不可复制、不可篡改，在运营、发行、技术等环节为艺术家提供支持，解决数字资产的确权问题，实现真实可信的数字与实体艺术品的发行、收藏和使用，帮助艺术家、优质IP提升艺术作品的变现能力。

　　"元视觉"平台致力于打造全球领先的基于区块链的艺术作品的创作、分享与交易平台，构建平台、消费者、艺术家的多赢机制，赋能实体经济，实现数字创新，为传播中国文化、增强中国文化影响力贡献自己的力量。"元视觉"的LOGO字体的灵感由弦理论而生，试图表现出链接、传递、生命、思想的含义，引导观者探索人与艺术的情感共振、现实与视觉艺术的价值同频，从而阐述元视觉"艺术生命+思想脉动"与"艺术价值+价值波动"的理念。

"元视觉"LOGO

视觉中国成立于2000年6月，是国内最早将互联网技术应用于视觉内容版权交易服务的平台型文化科技企业。2014年4月，该公司在深圳A股上市（股票代码：000681）。视觉中国整合全球及本土海量、优质图片、视频、音乐、字体等版权素材，打造业内领先的以大数据、人工智能、云计算、区块链等技术为支撑的互联网数字版权交易平台。该公司积极推进全球化的视觉内容生态建设，2016年，收购了比尔·盖茨创办的全球第三大图片库Corbis全部资产；2018年，收购位于加拿大的全球领先的摄影师社区（500px），该社区在全球195个国家和地区拥有超过1700万注册用户，服务签约供稿人超过50万名；该公司还与CCTV+（国际视频通讯社）、人民网、新华社新闻信息中心、中新社、GettyImages、美联社、法新社等280余家专业媒体、版权机构建立了合作关系。视觉中国目前拥有可供授权的超过4亿张图片、3000万余条视频和音乐素材，是全球最大的同类数字内容平台之一。

在商业模式上，视觉中国采取了与上游创作者共享合作的模式。在与创作者签订相关协议后，数字藏品经过审核、筛选、排期后才能进行销售。关于收藏家的权利，收藏家拥有数字藏品的所有权，但数字藏品的版权归艺术家或相关艺术机构所有。此外，收藏家不得将数字藏品用于任何商业目的。在交易规则方面，平台明确规定，买卖双方均必须进行实名认证，交易全程需使用人民币，以此来确保数字藏品的交易流程符合相关法律法规。另外，"元视觉"平台同样禁止数字藏品炒作与场外二次交易。

得益于视觉中国在图片、视频、音频等领域的版权积累，"元视觉"从一开始就获得了很大的关注，也成为吸引社区聚集和艺术家创作的优秀平台，数字藏品的创作形式包括照片、画作、计算机程序艺术等多种品类。从目前发行作品的情况来看，价格多在几十元到几百元的区间内，发行作品数量多为几万份，有些作品还有指定发行给朋友的优惠价格，另外平台保留了相同数字产品二次创作发行的权利。

近期动态

2021年12月31日，"元视觉"平台发售著名纪实摄影师解海龙的作品《我要上学》（又名《大眼睛女孩》），作品以照片形式发售，限量10000份，定价199元/份，开售不久即售罄。《我要上学》是希望工程的标志性作品，"元视觉"平台希望以此向希望工程致敬，且此次公开发售的全部交易所得会捐赠给安徽省青少年发展基金会作为专项助学基金，支持希望工程。

2022年1月7日，"元视觉"平台发售著名跨界艺术家、摄影师李舸的作品《矩阵》（*The Matrix*），限量 800 份，定价 199 元/份。

2022年1月11日，"元视觉"平台发售当代数字影像艺术家孙略的《雪花工场》系列作品，该系列作品由计算机程序算法生成。作品共分为6阶，1~6 阶分别限量999、599、299、199、

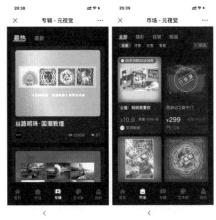

"元视觉"界面

99、9份，定价分别为每份1、9、99、199、299、1999元。

另外还有些作品，如光绘艺术家王思博创作的《光绘山海经神兽》系列照片，待售5款，每款限量 66 份，定价 66 元/份；元宇宙AI艺术家贾伟创作的《如花在野》系列原画，限量 500 份，299元/份；张硕、陈炜等 6 位摄影师发行的*Cyberpunk Chongqing 2022*系列照片，其中 4 位为视觉中国或500px签约摄影师，待售6款，每款限量30份，定价69.9元/份。

网易星球

网易公司拥有丰富的IP资源和项目发行经验，于2021年年底进入数字藏品平台领域，并通过自主或授权发行数字藏品，实现文创、游戏IP的价值衍生变现。

2022年1月19日，"网易星球数字藏品"正式发行，网易星球是网易团队基于区块链技术打造的数字生态价值共享平台，能够帮助用户管理自己的数字资产，并可作为元宇宙底层系统的基础支持。网易星球上线的数字藏品多种多样，包括但不限于数字画作、图片、音乐、视频、3D模型等各种形式。网易星球平台具有资讯分享、话题讨论、购物优惠等板块，方便数字收藏爱好者交流学习，他们还能享受不错的藏品交易优惠。

网易星球数字藏品馆中的所有作品，都通过区块链智能合约技术完成加密部署，并保存在网易区块链中。"网易区块链" 由网易自研引擎"天玄 3.0"驱动，具有支持业务高并发、强稳定性、高灵活度、安全性等特点，单链去中心化场景下最高支持每秒30万笔交易量，可抵御量子攻击，并已通过权威机构"国家信息中心电

网易星球界面

子数据司法鉴定所"的鉴定评估。网易区块链由网易生态联盟共同维护，除了网易自身各业务场景外，还包括互联网公证处、电子认证机构，以及在司法、版权、文化、娱乐、电商、科技等各领域的合作伙伴。

网易星球致力于使艺术收藏品的边界延展到数字世界。平台希望依托顶级的视觉团队和IP积累，让网易星球数字藏品成为常态化的生态构建方，在形象授权、跨界联合、多媒体营销之间找到平衡点，寻找产业创造新经济增长点的新方式和新模式，让数字藏品更好地融合于中国数字商品市场。平台还希望集合社区的力量共创共建，鼓励用户独立创作与二次创作，延伸使用场景。网易星球数字藏品的内容合作方主要为网易旗下其他公司，如网易文创、网易严选、网易游戏、网易云音乐、LOFTER等。在销售政策方面，网易星球数字藏品馆说明，其售卖的数字藏品为虚拟数字商品，一经售出，不支持退换。

近期动态

2022年1 月 27 日起，网易星球、网易天音、网易云音乐联手推出网易云新春拜年特辑数字藏品，共《星芒泛旖旎》《春风浮瑞气》《烟火启春华》3款，网易星球用户可免费领取，这也是国内首个 AI 音乐数字藏品。2022年2月8日，网易星球四周年活动开启，活动期间将陆续上线"星球四周年纪念 NFT""专属 NFT"和"限量 NFT"共3款 NFT，分别限量28888、8888、200 份，星球用户可通过参与活动来获取。

小红书数字藏品

小红书R-数字藏品由小红书旗下热中子工作室推出，由至信链提供底层区块链技术支持。
每一个数字藏品都通过密码学方式生成唯一链上信息，并在链上公开透明地记录作品创作、存证、交易、所有权等全流程相关信息，代表创作者的版权所属和原创性，此信息不可篡改且永久保存。目前小红书数字藏品平台上的创作者主要来自

小红书 R- 数字藏品界面

在小红书上活跃的原创艺术家、设计师和各种原创IP。

打开小红书软件，在搜索栏输入"数字藏品"可弹出"STEP INTO R-SPACE"，单击即可进入小红书内置的R-数字藏品。在R-数字藏品中，用户可以尽情体验并欣赏3D的数字藏品，可以分享带有用户归属信息的藏品海报，也可以下载并保存高清平面素材；创作者可以发布自己的数字藏品，并在个人主页的3D空间内进行展示。除此之外，小红书热中子工作室在不断扩展更多元化的数字供给的同时，也会通过增强现实（AR）技术帮助用户将数字藏品投射到现实世界，并通过合影和视频录制把内容分享到社区让更多人欣赏，之后还会上线更多个性化功能。

近期动态

北京冬奥会期间，小红书特邀多位明星及运动员创作手绘雪花，助力冬奥会，用户完成任务即可领取。

iBox

iBox（链盒）是NFT综合服务平台，于2021年5月17日正式上线，由火币X Center孵化。iBox定位于高端数字藏品的发行，上线首日联合知名演员陈小春发行首个NFT作品"iBox 001号"，iBox平台上大部分产品均与大众耳熟能详的知名IP、知名艺术家或公众人物联合发布，确保品质及收藏价值。平台成立至今，始终致力于完善数字藏品生态建设，赋予数字藏品更多的社交价值，探索数字未来潮流模式，开拓流行文化全新玩法，串联链上与线下形态交互，构建创作者、消费者、经纪人三位一体的完整生态，并持续为数字藏品赋能，扩大数字藏品应用场景，致力于成为一个全球领先的数字藏品电商平台。作为首个基于微信的数字藏品电商平台，iBox已成功发行国内首个明星周边NFT、首个电影NFT、首个教父级音乐NFT，连续三期IP合作盲盒上线即售罄。

iBox部署在多条公链之上，首发在火币生态链（HECO），该链具备安全高效、交易费用低、扩展性强等特性，支持各类型数字藏品买卖；用户可以通过定价发行、盲盒发行、多形式拍卖等方式进行资产交易，同时配套多种流动性提升方案，确保不同形式的数字藏品都能够有合理的价格体现。

近期动态

2021年5月，iBox平台携手北京万户创世文化传媒有限公司，共同发行《徐冰天书号》数字藏品。此款数字藏品是首件NFT太空艺术作品，此NFT以视频的形式记录下徐冰代表作《天书》画在火箭表面并发射上天的过程，数字藏品最终售价为200万元，创下国内数字藏品单价之最。

2021年9月12日，在张国荣诞辰65周年的日子，张国荣生前挚友愿意贡献出珍藏多年的张国荣亲笔签名照，并同意将其数字影印版授权给iBox，发行

iBox 界面

相应的纪念NFT，希望通过区块链技术永久记录下张国荣的音容笑貌，以表达思念。此次销售所得全部捐赠给张国荣生前合作的慈善基金会，继续帮助有需要的人群。

2021年9月15日，iBox携手现象级星座娱乐IP同道大叔发行奇幻马戏团主题系列数字藏品。

近期，iBox数字藏品平台宣布将赋能之前发布的数字藏品盲盒，以适应接下来的品牌升级和战略布局，并将引入一款基于区块链技术打造的模拟游戏（SLG）的手游——《万国争霸》。

丸卡

丸卡平台搭建在百度超级链及Nervos公链上。

作为国内领先的数字藏品潮玩发行平台，丸卡平台一路以来积极探索广阔的发展前景，将文化艺术与科技完美结合。丸卡平台已经联合《封神三部曲》《穿越寒冬拥抱你》《雄狮少年》《奇迹·笨小孩》、毕加索集团、李宁等电影IP、文化艺术及商业领域合作伙伴，推出了众多优秀的系列数字藏品。

未来，丸卡平台将继续聚焦优质数字产品及潮玩领域发展，以科技为基础，以产品为驱动，围绕大文娱产业构建创新生态。

近期动态

近期，丸卡平台开展了第一期平台用户赋能计划，具体内容如下。

1. 平台空投赋能。丸卡平台将不定期向平台特定用户免费发放数字藏品空投福利。

2．平台商业价值赋能。丸卡的品牌IP商务活动所产生的部分收益，将以等额价值奖品的形式，不定期地回馈给特定用户。

3．用户个人成长赋能。丸卡平台将邀请元宇宙区块链行业大咖、资深从业者、研究人员、资深数字收藏家、加密艺术家、优质IP方等，开展不定期的线上线下课程讲座、行业沙龙、经验分享等活动。

4．定制礼品赋能。为提升丸卡平台用户的归属感、价值感、荣誉感，丸卡平台将不定期地向特定用户回馈高品质的专属定制礼品。

5．等级特权赋能。达到特定等级的用户，还会获得该等级对应的特权，包括但不限于积分加速、积分抵扣、生日豪礼、礼品兑换、白名单特权等。

6．渠道定制赋能。丸卡平台面向各大社群KOL（关键意见领袖）开放深度合作，针对不同社群可定制专属社群赋能计划。

7．开放丸卡市场。丸卡平台依据国家法律法规及政策，决策并调整丸卡市场的开放计划。

另外，丸卡平台为了回馈用户的支持，构建了平台积分体系和用户等级系统，对用户的每一个行

丸卡界面

为进行恰当的奖励。丸卡的平台积分体系，将用户的账户价值、消费价值、活跃价值等通过积分来体现，同时也提供积分抵扣、积分兑换等丰富多样的使用场景，让用户都能在丸卡平台获得更多的价值奖励。用户等级系统通过衡量用户的积分价值，为其赋予不同等级，分别是青铜、白银、黄金、白金、钻石，用户可根据等级获得相应的权益，如白名单预购资格、生日专属数字藏品空投、免费参与知名区块链元宇宙大咖的线上及线下课程等。

另外，丸卡平台也积极推出合作IP的相关赋能计划，如《奇迹·笨小孩》数字藏品持有者可以获得空投权益、专属线下活动、联名定制实物周边、元宇宙产品优先参与权、白名单优先购买权及专属折扣等权益。

第五章

给 NFT
创作者的
指南

如日中天的 NFT 市场

2021年被认为是NFT元年。2021年3月10日，数字艺术拼贴作品《每一天：前5000天》在佳士得展示，被拍出约6934万美元（约合4.5亿元）的天价。随着更多的NFT作品被顺利拍卖，加密数字艺术品的价值逐渐被证明，在艺术界掀起了一股NFT浪潮。

原本不温不火的加密数字艺术品，如最早的NFT项目之一——CryptoPunks加密头像，随着NFT的拍卖浪潮成功出圈。2021年5月，其9个作品首次在线下拍卖行拍卖，最终以超过1600万美元的总价售出，引起圈内轰动。同年9月，该系列头像又以3385万港元（约合2876万元）的价格成交，远远超过市场预估。截至2022年3月，该项目在以太坊OpenSea平台已有87.85万 ETH的总成交量（约合188.5亿元）。

各国知名博物馆受NFT浪潮的影响，也展开了NFT藏品的铸造与拍卖。大英博物馆成功拍卖出200幅以葛饰北斋作品铸造的NFT藏品，其中包括著名的《神奈川冲浪里》。俄罗斯冬宫博物馆将达·芬奇、梵高等诸多巨匠的名作重新铸造数字副本NFT，每个副本NFT都有冬宫博物馆总经理Mikhail Piotrovsky的签名。

在备受关注之下，加密数字艺术没有停下脚步，逐步席卷各个传统艺术领域。不仅图片形式的NFT藏品受到人们追捧，非图片形式的数字藏品也如雨后春笋般出现在大众的视野。2021年10月，王家卫首件电影NFT作品《花样年华–刹那》在苏富比以428.4万港元拍卖成交（约合350万元）。

NFT 火热背后的原因

NFT具备如此高额的市场价值的主要原因之一是其独有性与稀缺性。创作者可以决定如何铸造其艺术品，而铸造的每一个NFT都是不同的，艺术价值通常不可以被进一步分割，也无法被复制。在通常情况下，每个平台发行的NFT只有一个副本，背后对应唯一的艺术品，是一个真正独特的项目。就如世界名画《蒙娜丽莎》，虽有成千上万的仿制品，其电子副本也在书籍、明信片和网站上随处可见，但真正的原作只有一份，收藏于法国卢浮宫博物馆。同理，CryptoPunks作品的原创项目也只有一个，其发布在以太坊网络上。即便人们将其副本用作推特等社交软件中的头像，也无法对其NFT本身的价值产生任何影响，反而促进了其推广与宣传。

虽然NFT具有独有性，但是NFT也为创作者保留了一定的灵活性，创作者可以针对同一副本铸造多个数量的NFT。就像书籍的第一次印刷为其第一版，后续每一次修订都需要更新其版本号。类似地，只有NFT的第一次铸造才能算作其第一版，铸造的多个数量的NFT通过引入不同版本而保持了其独有性。

正因为每一个NFT都是独一无二的，其稀缺性决定了每个NFT都有不同的价值。同样以CryptoPunks为例，其每个头像艺术品的价值均不相同，从72.69 ETH到上千ETH不等。其价格将根据出价者所评估的稀缺性以及对其需求程度的不同而改变。这些价格反映了NFT数字藏品的相对稀缺性与购买者对数字创作的兴趣程度。

为什么进入 NFT 领域

在音乐行业，艺术创作者的生存环境更加严峻。流媒体方面的收入是艺术创作者的主要收入来源，受到疫情影响，一些艺术创作者几乎没有任何盈利。事实上，在 Spotify 等数字服务提供商（DSP）上每百万次播放的版税仅为几千美元。大多数"成功"的艺术家都主要由唱片公司主导，这些唱片公司通常会收取50%~80% 的收入，分销商和经理人也要分得一部分收入，这意味着艺术家只能获得约12% 的音乐收入。据说，音乐创作者大约 80% 的收入来自巡回演出，但这一收入来源也由于疫情而受到影响。如何为艺术创作者设计一个更好的创作体系，使他们能从创作中获得最大价值，并让其在所使用的平台上感到舒适，这成为后疫情时代的一大难题。

区块链与NFT的出现，为上述难题带来了一丝希望与曙光。由于区块链技术具有分布式账本的一系列优点，比如公开、透明、无篡改，加之NFT非同质化的特点，因此NFT初步具备改善现有创作体系的潜在能力。此外，随着NFT相应基础设施、项目创作平台以及交易流动市场等方面的逐步发展完善，NFT生态也已经初具雏形。目前，许多媒介产品如影视作品、画作的数字资产已经在NFT平台上展开铸造与交易，并在保护原创与激励创意上取得初步的成效。

首先，NFT藏品交易市场最重要的优势之一是其削减了中间人。创作者可以直接在平台上创作、上传并铸造自己的NFT艺术品，并享有这些NFT的所有权。被铸造后的NFT可以直接卖给收藏家。这些收藏家能够对所购NFT进行验证与创作者认证，并访问相应的作品。通过上述过程，创作者能够获得NFT的全部出售所得，当然还得除去在NFT市场中的交易佣金（通常约15%）。

其次，NFT藏品在交易过程中始终保留创作者相应的版权，维护了创作者的权利。版权问题在互联网时代尤为突出，但 NFT 的出现无疑为版权保护提供了一个极佳的解决方案。版权一般包括复制权、发行权、出租权、改编权及展览权等。在谈及 NFT时，创作者最关心同时也最疑惑的问题往往是NFT如何保障版权。NFT藏品在交易后会将使用权转让给买方，买方在购买后既可以自己欣赏也可以向朋友炫耀，但NFT藏品本身的版权不会转让。也有例外情况，如果NFT相关合同规定将版权一同转移，则创作者会失去其版权。选择可靠的NFT交易平台则可以避免版权问题。而且只要使用得当，还可以通过NFT对版权进行一些更灵活的操作，例如创作者甚至可以将其一定比例的权利出售给购买者。

平台如何保障创作者的NFT版权不被转移呢？其实每个 NFT都通过算法实现了不可仿冒的唯一身份标识符，以绑定创作者相应基本信息，为创作者与其创作NFT的所属关系提供了明确的保障凭证；通过区块链技术，实现了在链上所有的交易过程都安全、无法篡改，且可以追溯历史交易流程。因此，创作者无须担心因NFT交易而丢失版权，购买者也可以通过溯源验证所购限量藏品的来源以验证真伪，这为NFT藏品交易市场的良性运行提供了最关键的保障。以Beeple为例，虽然他以约6934万美元的价格出售了其多年来创作的5000幅图像的拼贴，但是Beeple仍然保留了其版权。不仅如此，Beeple还可以将该5000幅图像再单独拆散，并出售这些图像中的任何一幅，每个单独的图像都可以再制作成一个唯一NFT。虽然购买《每一天：前5000天》的买家将来可以再次出售该组合艺术品，但他没有单独出售5000幅图像中任意一幅的合法权利。

再次，NFT创作经济还为创作者带来了多次销售的版税收入，该经济模式适用于数字内容、艺术品、影视创作等多个领域。在传统模式上，在艺术品首次销售之后，便无法再跟踪其后续交易情况。因此，很多创作者出售艺术品的经济来源"只能"来自首次出售，一旦卖掉了他们的作品，作品的任何后续交易所得都与创作者"无关"。而买家可以等待合适的时间，以极高的价格出售这件作品，这导致创作者如果不能对自己的作品准确定价则无法得到合理的回报，同时其作品的部分价值也会被收藏者获取。此外，随着创作者名气的增加，其历史出售的作品价格也会水涨船高，而创作者无法再从这些作品中获得任何好处。可以发现上述经济模式并没有考虑到创作者的最大利益，也不可持续，无法为创作者带来可观的收入，以进一步激励其持续创作。

NFT 作品版税是艺术家和内容创作者获得收入的方式。通过NFT作品版税，创作者既可以持续地从创作中获得回报，也随着推广、不断提升名气而进一步获得更高的收入，形成创作激励的正向循环。同时，一个数字艺术家的成功也将不断激励传统艺术家加入新艺术平台、融入NFT潮流。艺术家从他们的NFT作品中持续获得收入，因此NFT 是一种使艺术品交易合理化的方式；仅中间商和企业获利，而艺术家仍然贫困的古老交易体系将不攻自破。目前NFT

更多关注于适合数字化的商品，但其影响力与公平的分配方式也会逐步延伸至实体商品。在具体实施时，版税比例也可能因市场而异。例如，Bluebox 等NFT平台正在设计更好的版税收取或替代形式，让内容创作者可以进一步受益。

NFT 版税在二次销售中可以自动支付给创作者，但这是如何运作与实现的呢？NFT背后由一串自动运行的代码提供支撑，即区块链上的智能合约。这里的智能合约可以类比现实中的法律合同，只不过合同由法院监督合约人履行，而智能合约完全是程序自动履行的，一旦达到触发条件立即执行。每次发生二次销售时，智能合约即被触发，并会确保 NFT 中的条款得到履行。如果指定了版税，一部分利润将归于创造它们的创作者。该过程既不需要中间人，也不取决于交易者的意愿。同时需要注意，并非所有 NFT 都会产生版税。这很好理解，如果智能合约中没有写入版税条款，那么在二次销售时智能合约就无法被触发。因此，创作者在平台铸造NFT时应该关注该NFT是否包含了版税的条款，最简单的方式是查看其填写的表单中是否含有版税。

创作者在每次出售所有的NFT时会继续赚取出售价格的一部分利润。在未来的某个时候，当前NFT所有者可能会决定出售创作者的NFT以实现盈利，出售者将获得转售的部分利益，而剩余利益则会归于创作者与平台，这是因为创作者在出售NFT时不必放弃他们的版权，甚至可以在铸造NFT时调整版税的比例。音乐创作者、内容创作者和其他各类艺术创作者都可以从 NFT 的版税中获益，甚至普通大众也可以参与到NFT浪潮中，获得自己作品的版税。例如，迈克·温克尔曼（Mike Winkelmann）以高价成功出售了他的艺术品，并将每次后续销售中收取 10% 的版税写入了他的 NFT。2021 年英国小男孩 Benyamin 制作发行了一批名为 Weird Whale 的像素风格卡通 NFT 头像，并在 OpenSea 公开售卖，不到一天全部售罄，获得约 24.8 万美元的售卖收入。不仅如此，该作者还从二次交易中继续赚取 2.5% 的版税，最终获得了近 40 万美元的总收入。这一改进将艺术品的权益重新交回了创作者手中，激励了创作者。对于创作者和收藏家而言，NFT 版税都可以成为重要的收入来源。

当然，版税也可能带来诸多问题与争端。问题一在于创作者可以自定义 NFT 版税，但是收藏家在购买时却无从知晓，这一信息差可能会破坏市场的公平性，同时高额的版税（超过 20%，甚至 50%）实际上将购买成本逐渐转移给了下游买家，这既影响收藏家的购买愿意，也不利于艺术品的传播。问题二在于部分人认为以低价购买创作者还没出名之前的作品并在创作者出名后以高价卖出是十分合理的，一方面收藏家通过购买以支持创作者，另一方面收藏家也在进行早期风险投资，因此作品不应该包含后续交易版税。此外，版税还牵扯到诸多法律问题，包含尚未就此类交易明确制定知识产权法律法规、必须考虑税收后果，以及 NFT 作为遗产包含的资产转让、特许权使用费等问题。因此确实存在一些不确定的方面。

"NFT 加密艺术就是把绘画从实体搬到线上"，这其实是一种误读。抽象来说，画作即画家个人的感受经验，包括对人类的社会认知、情感的具象化表达，这是一个非常直接的表达方式。但是制作画作的方式则可以丰富多彩：在传统画作中，画家用笔去画；而数字艺术家的"画笔"则是软件或程序，而铺展开画作的"颜料"则可能是一串串符号与公式。同时，由于绘画的语言和表达方式与数字的语言和表达方式对画家情感的诠释角度是不同的，带给观者的冲击力是不一样的，因此两者是不能互相替代的。

因此，NFT为创作者带来了更多创作与互动上的可能性。以音乐领域为例，在一个大多数音乐都是流媒体的时代，NFT提供了一种收集音乐的新方法，购买者可以很容易地验证自己拥有一个原始版本。不仅如此，参考数字艺术拼贴NFT——《每一天：前5000天》，艺术品在数字化时也可以进一步创新，通过组合或分割的方式完成二次创作。同时，数字艺术家已经意识到，可以根据特定的触发因素，创作出因环境而改变的多层艺术——可以通过编程的方式将数字艺术品分为几个"图层"，完整的艺术品由多个图层组成。艺术家可以根据特定的触发因素对各图层做程序化方式编辑，以更改这些图层。当这些图层发生变化时，最终的艺术品也会随之改变。当艺术品图层化后，买家的选择也变得多样化，可以购买完整的艺术品，也可以仅购买艺术品的单个图层。例如，Rutger van der Tashas创作了一幅画，该画作根据昼夜变化来改变它的外观。

NFT是通过铸造而形成的，在这一过程中诞生了生成艺术。生成艺术是一种算法艺术，不同于人为提前完成画作并上传，其作品完全通过艺术家定制的算法而生成，该算法仅在NFT铸造的时候才会被触发。具体流程如下，创作者将定制的艺术算法上传至智能合约，当收藏家调用上述合约上的铸币功能时，底层算法会以独特的方式被触发，从而以NFT的形式产生独特的艺术作品。

在生成艺术中，虽然艺术品的框架由创作者决定，但在实际过程中却是收藏家通过自己点击NFT铸造而创造了待购买的作品，这极大提升了交互性，激发了收藏家的积极性。但由于生成艺术算法只有在铸造一个NFT后才能确定最终形态（否则也无法被称为生成艺术），因此绘制过程往往是随机的，由计算机控制的，这也引入了不确定性，增加了创作者的编程难度。因为创作者的算法既要体现丰富的组合性与可能性，又必须保障作品的艺术性。

在程序生成画作的基础上，人工智能科学家们又进一步引入了人工智能技术。人工智能生成的NFT不仅看起来独特，而且会给个人带来更深层次的抽象感觉。同时，撇开技术不谈，人工智能生成NFT在未来也必将成为一个颠覆性的趋势。目前，人工智能生成艺术已经在OpenSea上产生了巨大的销量，并且将继续保持增长。人工智能生成画作还可以进一步跟元宇宙结合，这会进一步促进基于人工智能的NFT的发展。例如，用户可以使用自己的肖像创建3D角色，并使用人工智能将其动画化。

最后，NFT背后的分布式技术保障了创作者的发布自由。无论你采用哪种艺术品商业模式，它都存在会被各种Web2.0平台扼杀或下架的可能。例如，封了你的账号，不允许你在平台上进行内容创作，或者因为某种原因删除或下架了你的视频，又或者你在某款游戏中获取的虚拟道具，虽然表面放置于游戏玩家的装备栏，但你没有对其自由处理转让的权力。究其根本原因，这些数字NFT的所有权不属于创作者或收藏家，而是由各个平台主导的。

选择 NFT 的领域

NFT交易平台根据领域的不同可进行详细划分，以面向不同创作者，大致分为综合平台、艺术平台、音乐平台、文创平台以及

3D平台等。许多综合NFT平台，包括OpenSea和Rarible等，它们都提供自助式的NFT铸造流程，且对任何人都开放创建功能。创作者不仅能创建数字艺术品，还能在多个平台上销售自己的数字艺术品。而其他NFT平台则对其创作者或多或少有一定限制，创作者首先需要在这些平台上申请成为艺术家，这些较为封闭的平台包括Foundation、SuperRare和Nifty Gateway等。因此，对于初步接触NFT的创作者来说，最好的策略可以是在综合平台上先尝试创建第一个NFT，以熟悉流程与方法，同时等待加入预期平台的批准。

综合平台

OpenSea于2017年推出，是目前规模最大、使用人数最多的NFT交易平台，它支持以太坊以及Polygon网络。平台上无特殊的贩售品种类限制，可以交易包括艺术品、音乐作品、游戏、体育作品、收藏品、虚拟域名等多种NFT，属于综合NFT平台，十分便于新手或想入门NFT的人群使用和体验。该平台最受欢迎的NFT艺术品项目包括CryptoPunks、Bored Ape Yacht Club（BAYC）等。此外，平台还提供创作者铸造NFT的功能，支持JPG、PNG、GIF、SVG、MP4、MP3、WAV以及GLB等多种文件格式。创作者首先访问opensea.io，连接加密货币钱包，并签名以初始化账户。随后，单击创建按钮进入铸造NFT表单。根据要求上传和创作作品，填写基本信息，并选择部署网络，最后单击创建完成铸造，一次铸造只能产生一个NFT作品。值得一提的是，在Polygon网络中铸造NFT可免除铸造手续费。创作者成功铸造的NFT可以选择上架，以供OpenSea的用户浏览与交易。创作者既可以选择固定价格出售模式，也可以选择限时英式拍卖模式。NFT第一次被售出时，创作者获得全部收益，同时需扣除2.5%的平台佣金。后续该NFT每被交易一次，创作者可以进一步获得5%的版税。

Rarible于2020年推出，是仅次于OpenSea的综合NFT交易平台，支持以太坊、Flow、Tezos以及Polygon等网络。该平台贩售的NFT种类与OpenSea类似，换句话说，在Rarible平台上架的商品与OpenSea上面的商品有很大交集。但同时，该平台支持的文件类型却远少于OpenSea上的，仅包含PNG、GIF、WEBP、MP4以及MP3等格式。创作者可以同时在这两个平台上出售NFT作品（但只需在一个平台进行铸造），以提升自己作品的曝光程度。不同于OpenSea平台，Rarible是第一家发行自己专属代币RARI的平台。同样地，创作者通过前往rarible.com，连接加密货币钱包，单击创建按钮，进入NFT铸造界面，上传和创作作品并填写其详细信息完成NFT铸造。Rarible平台支持单一和多个NFT两种铸造方式，如果选择了"Free Minting"（免费铸造）选项，则铸造费用由购买者承担。完成创建后，通过加密货币钱包签署随后的交易以展示该NFT。此外，如果所在表单填写阶段可以直接选择发布市场，则可以通过固定定价、开发出价以及限时拍卖三种方式撮合交易。在Rarible平台，创作者首次销售交纳2.5%的平台佣金，可自定义二次销售的版税，默认10%，最高收取50%。

艺术平台

SuperRare于2018年成立，是一个专门为专业艺术家服务的NFT交易平台，支持以太坊区块链。平台支持包括艺术品、影像以及

3D 图像等NFT作品的铸造，用户通过加密货币钱包支付ETH进行购买。该平台定位为高端数字画廊，只卖平台认可的作品，吸引了一批知名艺术家，其发行的作品都比较稀有、昂贵。因此，在SuperRare平台上出售作品的创作者需要经过比较严格的审核，其通过率与其他NFT交易平台相比较低，作品品质维护较好。值得一提的是，SuperRare对于艺术作品的著作权十分重视，保障了创作者的相关利益。同时，为宣传相应 NFT 作品，平台引入了社交元素，允许用户对NFT作品进行点赞、评论以及关注，并促进NFT创作者和收藏家之间的积极互动。

Nifty Gateway于2019年被加密货币交易平台Gemini收购，是一个建立在以太坊区块链上的艺术展示平台。不同于其他NFT平台的大众路线，该平台引入了众多顶尖知名画家如Pak、Beeple、Daniel Arsham以及Josie Bellini等，在其上创作并出售自己的NFT 作品。最出名的当属美国数字艺术家Beeple，以《每一天：前5000天》作品，创下NFT的最高售价历史纪录。Nifty Gateway平台并未直接向创作者提供NFT的便捷铸造，而是需要通过提交申请的方式，并附上简短的视频介绍以及中长期目标等，以供平台人工审核，审核通过后创作者才能进行 NFT 的铸造。主要有两种创作申请途径，分别为艺术家申请以及项目创造者申请，不同申请途径填写的申请表单以及审核方式也不尽相同。Nifty Gateway支持多种支付方式，最与众不同的地方在于用户可以通过信用卡或Gemini账户直接支付美元以购买NFT作品，而不一定通过加密货币钱包支付，但仍然需要相应的钱包以接收铸造的NFT。当然，也可以通过常规加密货币钱包的方式对特定地址进行预充值，以支持NFT的交易支付。值得一提的是，Nifty Gateway平台仅支持Metamask钱包，同时在连接钱包后还需要注册平台账户以完成登录。

　　Nifty Gateway交易平台可选的拍卖形式多样，且每场拍卖都是精心策划的，设置有不同的主题，十分吸引创作者和收藏家们的眼球。平台有如下五种拍卖方式：公开竞标（Auction）、无声竞标（Silent Auction）、抽签（Drawing）、随机礼包（Pack）以及开放版数（Open Edition）。公开竞标，即传统的拍卖方式。一件艺术品将在24 小时内完成拍卖，在拍卖期间，收藏家将为该作品相互竞争，公开竞标。拍卖期结束时，出价最高的收藏家将获胜。值得一提的是，当拍卖还剩不到 5 分钟时，任何新的成功出价都会将拍卖计时器重置为 5 分钟。无声竞标，即对NFT艺术品其中一个版本进行盲拍。拍卖结束后，出价最高的前100 位竞拍者都将获得其中一个版本，并按照其盲拍出价支付相应价格，版本号将按出价由高到低的顺序进行公平分配。抽签旨在为所有收藏家提供公平的竞争环境，对拥有一定数量版本（例如 100 个）的NFT在指定时间内（例如 30 分钟）进行抽签；抽签期开始后，符合规定要求的收藏家方可进入抽签。随机礼包方式，即一个礼包包含一系列的独特NFT，且不同礼包包含的数量不同，同时赢得每个随机礼包的概率也会有所不同。开放版数方式需设置一个固定的价格（例如，500 美元），并在投放期开始后一段固定时间（例如 5 分钟）内开放购买。购买的数量即购买对应NFT的版本数量，且交付过程不是立即完成的，需要等待数小时以铸造NFT，并发送至购买者账户。无论选择上述何种拍卖方式，NFT首次和二次销售均会收取5%平台佣金。

Async Art平台于2020年2月推出，主要面向艺术品领域NFT交易，同时也支持音乐NFT作品铸造，主打可编程艺术NFT创作概念，为艺术创作者提供全新的创作思路与工具。目前它仅支持以太坊区块链网络。可编程艺术NFT是将艺术品分解为不同"图层"，每个图层的变化都会对作品整体产生不同效果。例如，作品可随着时间流逝而演化，可以根据收藏家做出不同反应，也可以随着外部世界输入的变化而不断变化，等等。该平台改变了NFT艺术品的铸造规则。创作者首先访问async.art，连接加密货币钱包以注册账户。随后，单击创建按钮进入可编程艺术面板。可编程艺术品既可以由团队合作也可以单独进行设计，在创作时需要针对不同图层分别上传创作内容并填写基本信息，最后单击提交完成铸造。在NFT出售方面，Async Art 平台在竞价工具的设计上有所欠缺，可能存在间接影响创作者收入的风险。此外，平台对创作者NFT的一级销售收取10%的佣金。

NFT中国于2021年推出，是集加密数字艺术创作和加密文化教育输出为一体的加密数字艺术平台，也是基于区块链技术的艺术界新范式。平台支持全品类的NFT艺术品，致力于打造一个开放式参与的加密数字艺术生态圈，为国内传统艺术家提供优质的NFT平台，并帮助国内新时代艺术家在海内外获得更多市场展示和交易的机会，改善他们的艺术品交易环境。目前，NFT中国是国内NFT作品交易最活跃的平台，也是艺术家数量最多、买家数量最多的平台之一。NFT中国始终以创作者为核心，远离金融化发售、金融化交易，致力于构建完整和谐的创作者生态。NFT中国创立至今，已汇集国内国外、各行各业、各领域的创作者与品牌，形成了NFT中国创作者生态。仅仅是图像类NFT，平台上的内容就已经多种多样：从张大千的大风堂派水墨，到周春芽的大写意表现主义；从对西方印象主义的致敬到融合日本绘画的侘寂之美；从新国潮平涂技法插画到扁平化流派风格。在NFT中国的平台土壤上，创作者可以寻迹前人，也可孕育自我艺术风格。从个人工作者到企业品牌，从建筑设计师到游戏设计团队，如今已有越来越多的形态涌现出来。随着NFT中国支持更多样的上传模式以及商用版权的开放，艺术家们开始联动起来，促进了元宇宙内容生态的进一步爆发，衍生出了NFT小说、NFT音乐作品、NFT视频作品、NFT 3D作品。以开放商用版权的CryptoFunk举例，平台已经涌现出大量以此为原型的二次创作，收藏家或艺术家的角色已不再清晰，人人都能创作，人人都能收藏。NFT中国还将支持更多的上传格式，未来还将允许用户铸造"可编程NFT"，允许创作者上传代码。收藏家们将得到每天变幻的NFT，他们可以期待藏品室中的NFT明天会变成什么样。

NFT中国一直把夯实技术基础设施建设放在重要位置，致力于构建创作者生态平台，鼓励艺术家进行二次创作。在NFT中国高度开放与包容的创作生态下，艺术家们创作了许多高质量的二创作品，甚至刮起了一股文化风潮。开放的环境让越来越多的用户爱上了平台的社区，为社区做出贡献。

音乐平台

音乐NFT平台是音乐家工具箱中的一种强大的新资源，为创作者开辟了新的创作方式和自给自足的新经济模式，这其中包括可编程媒体、自定义唱片发行以及丰富的NFT粉丝新生态。音乐NFT为歌曲作为数字对象打开了前所未有的设计空间，一首音乐可以既是音频文本，也是独版的艺术品、收藏品，甚至粉丝会员福利卡。同时，随时自定义发行音乐NFT，音乐创作者可以不与唱片公司打交道，也不需要中间环节烦琐的流程，可以直接将他们的音乐第一时间带给歌迷。此外，将智能合约与NFT平台相结合，这种直销的方式让音乐创作者可以随时控制其作品的所有细节，而不是通过音乐总监。随着越来越多的音乐人加入NFT并开拓新的可能性，音乐NFT平台提供了与来自世界各地的新的热情的听众建立联系的巨大机会。

OneOf是基于Tezos区块链的绿色 NFT 音乐平台。随着稀缺性和价值的增加，OneOf 上有Green、Gold、Platinum、Diamond 和 OneOfOne 五个等级的NFT。其中OneOfOne等级的NFT仅存在唯一版本号，是上述系列中最独特的 NFT，通常包括珍贵的用户体验，例如 VIP 音乐会门票、见面机会、试听未发布的曲目、私人活动等。创作者在作品发售时可选择其等级，并赋予不同的权益。目前平台支持多种音乐流派，入驻艺术家包括 Doja Cat、John Legend和 The Kid LAROI，已完成 6300 万美元种子轮融资。创作者在该平台发行 NFT均可体验免费铸造，并允许发行低价或者免费的 NFT作品。该平台还支持使用超过 135 种法定货币的信用卡或借记卡以及加密货币和稳定币来购买 NFT，多种支付渠道让平台的购买群体更加广泛，这是平台的一大亮点。OneOf 平台简化了用户对加密货币钱包的了解过程，降低了学习的成本，采用平台托管的方式进行管理，能够方便入门用户快速便捷地上手使用。

Royal 于2021年由美国知名 DJ 和制作人 Justin "3LAU" Blau

推出，是一个音乐NFT平台。该平台致力于帮助艺术家铸造和销售 NFT，同时用户可以购买歌曲份额，然后从投资的音乐中赚取版税，其预留的版税份额由创作者自行决定。

Sound.xyz于2021年8月开始推行，是为推动社区性音乐活动发展而创建的平台，其基于区块链技术。不同于其他音乐NFT平台，在 Sound.xyz 上，创作者可以发起聆听派对，即以一组 NFT 的形式推出自己新创作的音乐，每组最多25个，每个NFT 存在不同且唯一的版本号。发起派对即在平台发起一个事件，因此听众可以提早获得消息并对喜爱的创作者表示支持。创作者发表的NFT歌曲允许支持者/粉丝对其发表公开评论，以提高支持者/粉丝对音乐作品的参与度。任何人都可以通过NFT看到支持者/粉丝发表的评论。但是发表NFT的权限仅限于当前NFT持有者，一旦转让，原持有者的权限就会消失。创作者还可以根据其音乐NFT打造自己的粉丝文化圈。粉丝除了拥有这首歌并刻下名字之外，拥有Sound NFT 也是其进入 Discord等社交媒体社区的通行证。在社区中，创作者和粉丝通过每周的聚会、协作项目进一步交流。创作者甚至可以选择为他的支持者/粉丝提供额外的好处，例如独家演唱未发行的歌曲。值得一提的是，创作者想要加入平台时，无法通过简易的NFT铸造上传流程发布音乐，而需要通过填写个人简介，包括联系方式、现有作品以及是否有独立发行歌曲限制等，以向平台发起申请。截至2021年12月，Sound.xyz平台已完成500 万美元种子轮融资，投资方包括a16z、Variant Fund等。Sound上的NFT作品的二次销售也可以在综合NFT平台上进行，如OpenSea、Rarible。

文创平台

Mirror于2021年推出，是建立在以太坊网络之上的写作平台。该平台通过 $WRITE代币给予创作者们在平台上发布内容的权限，内容创作者只有销毁 $WRITE 才能开启自己的专栏。任意用户都可以在Mirror上进行创作，而不受任何审核的限制，这使得去中心化创作的理念得以真正实现。创作者可以使用常规文本编辑器进行创作，Mirror平台也支持markdown语法，十分便捷且易于上手。创作者在作品初期可以通过向粉丝发行作品代币作为股权进行众筹，作品完成后会铸造为 NFT 的形式、上链并售卖。NFT文章转载、打赏以及拍卖产生的收益会根据粉丝在众筹中的贡献权重进行分成。

3D 平台

小红书（旗下热中子工作室）于2021年11月推出基于至信链的NFT加密数字艺术平台 R-数字藏品。R-数字藏品是小红书APP的内置应用，用户可以直接在应用内部购买与展示NFT作品。NFT创作者可以在其主页的R-数字藏品小空间里展示自己的作品并销售作品。收藏家在购买相应NFT作品后，该NFT作品也将展示在自己主页的R-数字藏品中。NFT作品除了标注了唯一编号、作品哈希值以及认证时间等基本信息外，还能通过3D动态效果进行展示，可以手动放大缩小、360° 旋转等。目前，"奇点计划"联合小红书，成为首个入驻 R-数字藏品的NFT艺术品牌。此外，在2022年情人节期间（2月10日—14日），小红书与四位艺术家合作，发布了七款限量版情人节 NFT作品，每款售价在19.9 元至 39.9 元不等。

Bigverse于2021年7月成立，是杭州元宇宙科技有限公司旗下品牌。该品牌致力于打造丰富多彩的元宇宙世界，旗下拥有NFT中国加密数字艺术交易平台、NFTCN STUDIO、元宇宙NFT画廊等众多优秀产品。目前，NFT藏品的3D展示形式尚未在全国全面推广，而Bigverse从中脱颖而出，率先为NFT中国藏品平台量身打造出3D展示功能。目前Bigverse主要支持AR展示、VR展示以及元宇宙空间展示三种3D展示形式。创作者可以通过手机访问nftcn.com或下载"NFTCN"APP进入NFT中国体验相应功能。NFT中国鼓励艺术家们上传3D NFT作品。NFT中国认为3D NFT作品将会成为未来元宇宙内容的主流，NFT中国一直走在科技的最前沿，致力于让3D NFT作品在元宇宙中能被便捷地拖拽和编辑。NFT中国的3D NFT作品的AR展示已经上线。当你拥有了3D NFT作品后，单击右下角"AR体验"，即可将3D NFT作品摆在现实生活的家中。

AR展示提供了在现实场景中与数字藏品的互动功能，使用户获得虚实结合的奇妙体验。收藏家通过单击已购买的藏品，可以在相应的藏品页面看到"3D预览"以及"AR体验"两种模式。"3D预览"可以将用户拥有的NFT通过3D动态形式展示于手机上，支持放大缩小以及360°旋转等。而"AR体验"则使用户可以通过手机的相机，在现实环境中显示、观赏并拍摄已购买的NFT作品。收藏家可以结合合适的现实场景，为自己的NFT藏品拍摄出全新的画作意境，实现NFT作品的二次创作。

NFT中国还内置了Bigverse艺术展区，用户可以借助VR头盔沉浸式地体验艺术展区中的藏品。参与者如同亲身步入真实的画展，不仅可以全方位观赏艺术画作，品味其中每一个细节，还可以体验到广阔

的立体空间，以达到身临其境的真实观赏
感受，更好地融入虚拟画廊世界中。

　　在未来，Bigverse还致力于推出元宇
宙展示，致力于为创作者打造一个专属的
加密数字艺术品世界。创作者可以邀请元
宇宙好友共同加入这场艺术盛宴当中。同
时，用户还可以根据当期展示作品，为其
装扮出符合创作主题的布局，以丰富艺
术品在元宇宙的展示效果。不仅如此，
Bigverse还为元宇宙世界引入了天气系
统、时间系统、交友系统等丰富玩法，以
待艺术爱好者共同加入并探索未知的元宇
宙艺术世界。

Bigverse 艺术展区

元宇宙展示角

思考 NFT 的受众群体

创作者在决定了要进入的NFT领域之后，首先要做的就是明确自己的受众群体，受众群体的不同将决定其以何种思路开启今后的NFT创作之路。

NFT艺术品的第一受众买家即众所周知的超级粉丝，他们购买NFT的动机通常只是为了单纯地支持其最喜欢的创作者。因此，他们通常更愿意主动在这些新潮事物上为创作者付出，并积极地在网上与创作者或者粉丝社区进行一些互动。

另一类NFT购买者则为币圈投资者。在对发布平台、NFT质量等进行评估后，投资者从不知名的创作者那里收购NFT，作为风险投资，并在创作者未来成名后，再将囤积的 NFT出售，并从中获利。但值得注意的是，这部分群体追求利益至上，可能难以参加社区互动，也不会投入过多精力到宣传当中。同时，这样的领投也可能拉动相应NFT资产的购买热情，造成短期需求大于供应的情况。

最后一种购买NFT的受众即资深收藏家，通常他们更看重NFT的收藏价值，而不是短期的利益。这些收藏家倾向于在收藏后进行展示。例如，NBA Top Shot中发布的数字卡片可能被NBA球迷推崇和喜爱，NBA球迷甚至可能为了集齐不同的篮球卡组合，并以他们想要的方式构建一个集合而付出大量资金。

建议创作者在创建NFT时，首先思考并确定潜在买家可能是哪几类群体。一旦确定了方向，创作者就需要根据营销目标针对潜在买家，找到合适的NFT创作方式与发布平台，而不是把NFT传播给不太可能对其感兴趣的广泛受众。

了解 NFT 的创作流程

在进入具体的NFT创作平台之前，创作者还需要了解一些基本的区块链知识以及学习相应的平台操作流程，以更平顺地适应NFT创作环境，开启自己的创作之旅。

创建NFT的过程称为铸造，确切的铸造与交易过程将取决于NFT艺术品背后的创作形式以及创作者所选择的平台。

创作者在选择适合其发布作品的NFT平台来创建和销售NFT艺术品之前，首先需要选择安全可靠的区块链系统，即平台背后的技术支撑首先要安全，只有技术支撑是安全的，才能说一个NFT交易平台是安全可靠的。现在有相当多的NFT交易平台，让人眼花缭乱，虽然大多数平台背后都由以太坊网络提供支持，具有较高的安全性，但并非所有平台都是这样，一些平台使用其他区块链技术，例如Polygon、Flow等，创作者在选择前一定要做好调研。

其次，创作者在选择NFT交易平台进行创作时，需要对相应NFT平台进行评估，以避免因平台漏洞导致自己的资产受损，如可能发生的作品被盗的情况。同时，还需要考虑在平台交易过程中可能面临的金融风险。因此，在选择过程中，首先要选择主流的区块链系统。此外为了防止黑客攻击，挑选NFT平台时，建议创作者选注册时有严格验证过程的平台，例如有双因素认证，或是生物识别技术认证等来保障自己的账户安全。为了避免流动性风险，创作者需要尽可能地选用户规模大、成交量高的NFT平台，以保障自己铸造的NFT有足够的潜在买家进行买卖与交易，避免有价无市的情况发生。

我们分别以国内平台NFT中国和海外平台OpenSea为例，详细介绍典型的NFT铸造、宣传与交易过程。这两个平台经历了大量的用户使用与交易，可靠性值得信赖。

预备知识：

在这之前，我们还得先了解一下加密货币钱包（加密钱包）。加密钱包跟传统钱包一样，用于安全地管理用户的数字资产。注意，数字资产并不实际存放于加密钱包中，它存储在区块链上，通过绑定公钥地址实现与加密钱包的唯一对应关系。用户只有通过加密钱包进行批准许可，才可以挪动并使用其中的资产。如果上面的概念太抽象，那么我们可以将区块链比作一个中立的银行。当你在银行开户，账户即对应你的公钥，而账户下面记录着你所有的资产。每一个账户都有一个专门保险箱来安全保管你的资产，任何人都没法打开它，除了拥有保险箱钥匙（即钱包）的你。因此，如何选择一个安全可靠的加密钱包是必不可少的，因为它直接关系到你的数字资产安全。

目前加密钱包有多种选择，不同选择各有优缺点。根据私钥记录位置的不同可以分为纸钱包、硬件钱包及软件钱包。根据钱包的使用频率又可以分为冷钱包与热钱包。这里我们首次提到了私钥的概念，它是密码学中的一个专业名词，你不需要知道其具体含义，只需要知道它就是刚才提及的打开保险箱的钥匙，而钱包只是工程师为了方便用户理解与使用而做的一层用户界面。而纸钱包、硬件钱包以及软件钱包可类比不同材质的传统钱包，钱包既可以是皮革的，也可以是合成材料的，这很好理解。

纸钱包，顾名思义，即私钥记录在纸上，通常是类似电话充值卡一样的卡片。刮开保护涂层，即可以看到相应的钱包私钥或者助记词。硬件钱包也是同理，用专用的硬件设备存储钱包私钥。而软件钱包由

Metamask 钱包下载界面

于其便捷性，得到了大多数加密世界用户的追捧与使用。通过下载钱包软件到计算机或者手机，并创建钱包私钥，即可开启加密钱包的使用。常用的基于以太坊网络的软件钱包有Metamask、Coinbase Wallet以及Wallet Connect等。互联网中有丰富的教程资源讲解如何创建钱包私钥，因此这里不再赘述。

什么时候会涉及使用加密钱包呢？我们通常在连接到基于区块链的应用程序时使用它，这里的应用就包含面向创作者的NFT交易平台。在使用时，需要确保已经启动了加密钱包，且该钱包与期望使用的平台相匹配。相匹配即兼容，如果钱包不受交易平台的支持，就无法进行NFT的铸造与交易。例如，如果创作者想在NFT中国、OpenSea 、Rarible 和SuperRare等NFT平台上创建NFT ，则需要进入NFT平台官网单击钱包或登录图标，以确认所支持的钱包种类。值得一提的是，不同的NFT平台部署在不同的区块链系统上，因此在铸造过程中所使用的支付代币也存在差别。在以太坊网络中，我们通常使用以太坊的加密货币ETH进行支付。

国内平台 NFT 中国

步骤 1：平台登录

对于用户来说，目前NFT平台的交互方式与传统Web2.0平台无异，都是通过浏览器网页输入相应域名进行访问，但值得一提的是，其网页背后的区块链技术与Web2.0相比，已经发生了翻天覆地的变化。NFT平台通常可以通过加密钱包直接登录，但部分平台仍然保留了传统注册登录的访问形式。

用户输入域名nftcn.com.cn访问NFT中国，平台同时支持计算机以及手机浏览器访问，目前手机浏览器的体验更加完善。手机登录后，单击"免费注册"并填写邮箱密码等信息以完成账号注册。

NFT 中国登录界面

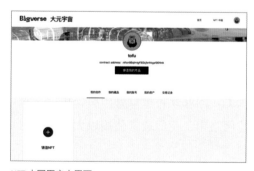

NFT 中国用户主界面

用户完成注册进入主界面，通常可以看到"创作""铸造"等字样的图标，单击进入跳转界面，即可以快速开启NFT艺术品的铸造流程。

步骤 2：加密钱包设置与充值

用户需要通过充值的方式，提供NFT铸造的手续费。单击手机端右下角"我的"，进入个人界面。找到左上角的扩展菜单，选中菜单中的"燃料次数–去购买"；选择合适的燃料次

燃料充值界面

数进行购买，可以选择余额支付，也可以选择跳转到第三方支付平台（如支付宝）支付。燃料购买完成即可开启NFT艺术品的铸造。

步骤 3：NFT 艺术品铸造

每个平台的运作策略稍有不同，因此创作者需要遵循平台指示完成NFT铸造。创作者可以在网站上找到"铸造作品"等特定的图标，来开始NFT铸造过程——铸造功能对所有注册用户都开放使用。创作者可以通过填写表单以简洁铸造流程。平台通常会要求创作

NFT 铸造表单

者以特定格式上传其数字资产，并添加相应作品说明。同时根据具体市场，可能需要创作者为铸造的NFT设定一个初始价格。此外，一些平台还将要求创作者设定一个特许权使用费率，即佣金费率。在未来成功出售NFT时，平台将根据设定的佣金费率从收入金额中直接扣取，再将剩余金额转入铸造NFT时创作者所使用的加密钱包当中。值得一提的是，NFT中国通过内置的方式，实现了数字钱包——创作者既不需要下载任何软件，也不需要创建私钥，通过注册的网页账号即可享有的加密钱包。铸造后的NFT将直接发送至创作者的个人加密钱包。

在上传作品时，如果它还不是数字化的，创作者则需要决定如何将艺术内容转换为可上传的电子副本形式，以便于NFT的铸造。大多数加密数字艺术品往往需要转化为电子副本，并以JPG、PNG、GIF等传统文件形式进行数字化存储。创作者单击中间"+"图标以在本地选择转换后的艺术品电子副本并上传，注意文件大小不能超过20M。创作者需要按照表单要求填写作品名称、简介、描述以及标签等信息，以丰富对其作品的基本介绍。

在铸造的时候，创作者还需要选择铸造的NFT数量。通常而言，NFT是独一无二的，一个艺术品仅对应一个NFT，但当艺术品存在多个版本时，引入多个铸造数量则显得十分必要。此外，在某些情况下，创作者可能需要多个相同的副本，因此也需要针对同一副本铸造多个NFT；如果创作者出售同一个收藏品，也可能想要提供不同的版本。例如，NBA Top Shot卡有三个级别：普通、罕见、传奇。当然，每个Top Shot卡都有一个独特的版本号和大小，但在一个版本中每个卡都有多个副本（尽管只有一些最终卡的副本）。

在这种情况下，创作者需要决定铸造多少个特定NFT的相同副本，并将其包含在相关区块链中。这个数字现在变得固定了。

完成上述一系列表单填写后，创作者需要决定自己期望的定价，并通过提交按钮进行铸造确认，铸造过程将消耗步骤2中所购买的燃料。至此，平台NFT铸造过程就已全部完成。

海外平台 OpenSea

步骤 1：平台登录

用户通过计算机浏览器登录opensea.io以进入OpenSea平台主界面，确保已安装合适的加密钱包。加密钱包作为Crypto（加密）世界的入口，免去了传统账户密码登录的流程。首次登录可能需要选择账号与加密钱包绑定。

步骤 2：加密钱包设置与充值

根据选择的网络，用户需要准备对应的系统代币。目前OpenSea支持以太坊和Polygon网络，以太坊采用ETH代币而Polygon网络则采用MATIC代币。

步骤 3：NFT 艺术品铸造

在主界面，创作者点击"create"按钮，即可跳转到 NFT铸造流程。在跳转前，若采用浏览器钱包（例如，Metamask）则会弹出相应条款让创作者确认签字，单击钱包"Sign"按钮

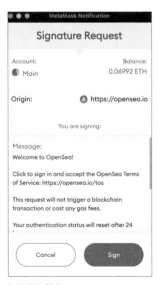

加密钱包签名

即表示认可条约，该过程无须消耗系统代币以支付区块链网络手续费。

类似地，创作者也需要按照规定的格式与大小上传艺术品文件，并填写作品名称、介绍等基本信息。注意，与NFT中国不同，OpenSea平台针对一件艺术品，一次只能铸造一个NFT，不支持多版本功能。同时，在单击"Create"确认铸造前，创作者还需要选择发布NFT的网络，目前Polygon网络可以免费铸造，而以太坊网络则需要耗费以太坊代币以支付区块链网络手续费。

OpenSea NFT 铸造表单

挖掘 NFT 的潜在价值

对于NFT创作者而言，不仅需要花费大量时间在创作与学习平台使用上，也要根据市场和个人情况选择合适的创作思路与策略等。若创作者无法明白NFT背后的故事逻辑与粉丝文化，则创作的NFT作品可能无法被圈内人所真正接受，期望的新经济模式也就无法发挥其作用，最后可能一无所获。

要挖掘出NFT 的内在价值是一件十分困难的事情，这不仅涉及专业知识，也涉及对市场的理解与把控。同时，作品的人气、价值，也都完全取决于收藏家们的主观判断。市场潮流总会随着时间与风向而变动，购买者的喜好也会不断改变。一开始大家还觉得是很新颖的艺术素材、创意玩法，有可能一下子就变得过时；一开始无法吸引大众兴趣的作品，也有可能因为某次事件而获得足够的曝光。为了更深入地了解如何在主观与社会共识之间巧妙地评鉴NFT艺术的价值，我们从三个角度进行阐述与思考，即创作者思考模式、作品故事与作品的稀缺性。

作为一个NFT创作者，以正确的思考模式进行创作十分重要。如果只是单纯地将NFT看作轻松赚快钱的工具，一味迎合市场，也许会在短期内获得高额的回报，但这种情况很难持续，也很难在创作路上走得长远。创作者应该聚焦在如何创作出更具个性化、更有趣的作品上，让作品在粉丝群体中广泛传播，形成社区共识，也许这才是NFT模式下更好的选择。

透过自身的故事性将创作者的真实情感传达给收藏家们，也许是一种出圈方式。这里提到的故事，既可以借由作品题目、作品说明以及作品展现形式来直接向大众述说，也可以是作品本身存在的独特艺术氛围，例如基于人工智能的生成艺术，又或是画作本身能与鉴赏人产生情感上的共鸣。需要注意的是，NFT平台上每时每刻都有新作品上传，因此作品的故事需要足够独特，否则很难在众多作品中脱颖而出。而在那些依靠申请审核的平台，虽然作品不会被淹没，但该平台上其他动人的故事也可能让你的作品显得平平无奇。因此，故事的讲述不应该是线性且单一的，也不应该是一次性的。在作品成交后，创作者仍可与收藏家保持一定的沟通与互动，通过补充自己的故事细节，以延续收藏家对作品的新鲜感。同时，在各种社群网站或平台上与大众对话，也许会更容易达成某种社区共识，使作品的故事广为流传。

NFT作品的稀缺性其实是把双刃剑。创作者可以通过不断"量产"NFT并宣称其稀缺性，在短时间内快速销售以获得大量价值。短时间内上传的众多作品确实让创作者快速获得了市场回馈，尤其是对于新人创作者，但同时，过度泛滥的NFT作品也会带来品牌价值下降的巨大风险。从这个维度来看，创作者不仅要关注NFT本身的稀缺性，还要关注NFT内容或故事方面的稀缺性。所以，我们也可以看到不时有创作者通过向持有自己过去NFT作品的收藏家们回购作品并销毁的情况。虽然稀缺性不一定能保证NFT价格一定提高，但这一定是让收藏家狂热追捧NFT的最根本原因之一。

宣发 NFT 艺术品的有效途径

不同于传统的个人画展、影视鉴赏等直接宣传展览方式，NFT平台虽为创作者提供了创作与交易的场所，但NFT艺术品仍然可能淹没于众多艺术品当中。因此，当艺术品NFT化之后，创作者还需要进一步利用互联网的优势，拓展NFT作品的宣传群体与推广形式。

创作者可以利用传统Web2.0平台实现NFT作品推广。比如，创作者可以建立个人专门的门户网站，并在网站上发布个人艺术作品、定价以及联系方式，甚至还可以推出一些有趣的视频以提升影响力。但问题在于维护个人网站需要一定的成本开销，且由于前期宣传力度不够，很多网站少有人浏览与访问。因此，还需要建立一个社交媒体账号，以在早期快速提升个人影响力。

　　开设社交媒体账号有助于推广个人品牌、销售艺术作品和提供客户服务，是与潜在客户联系的最佳场所之一，也是成本最低的一种推广方式。创作者可以通过在 Facebook、Instagram 和 Twitter 等知名社交媒体平台上积极宣传艺术品，确保持续影响力。例如，多次分享你的NFT链接；在社交媒体平台上与名人互动；写一些作品故事，或者探讨一些想要购买加密艺术品的用户所关心的问题。如果希望实现更加有效的宣传方式，则可以考虑接触一些相关的社交媒体中间人，其受众与你的目标买家相匹配，能帮助你进行推广活动。社交媒体中间人营销通常可以在领英等平台上进行。

　　创作者也可以进行营销方案的投入，优化搜索引擎或者投放广告。例如，当投资者寻找创作者的NFT作品时，NFT作品将被显示在搜索引擎搜索结果的顶部。

　　创作者自身也可以通过积极参加论坛、社区以及各类活动，来提高自身影响力与拓展人脉关系。现阶段，在线活动比以往任何时候都多，既有数小时的网络研讨会，也有好几天的虚拟会议。创作者还可以关注为艺术家和投资人举办的活动，找到志同道合的参与者和投资者；创作者也可以选择在线论坛，在流行的加密货币论坛（如 BitcoinTalk、CryptoTalk）上发起关于NFT 的积极讨论，以提高NFT收藏品的可信度。

　　当创作者的粉丝达到一定数量，就可建立粉丝社区，可以通过举办现场直播与粉丝直接沟通，以建立良好的社区联系。Ask Me Anything（AMA）会议允许团队与受众就NFT创作今后的发展进行探讨，从而达成共识，以强化社区凝聚力。潜在的收藏家也可以通过AMA了解创作者的项目故事，并更好地理解为什么他们应该成为创作者社区的一部分。

除了传统的传播手段外，还可以采用Web3.0的方式，利用新的信息传播途径，例如SocialFi、NFT展示平台以达到宣传效果。

Rally于2021年推出，是一款热门SocialFi项目，它可以让创作者推出自己的社交代币，以组织自己的粉丝社区。Rally 通过其自行发行的RLY代币进行管理。粉丝可以购买创作者代币来支持他们喜爱的创作者，并获得由创作者给予的特殊福利。创作者能够基于自己的社交代币设计并驱动期望的商业模型，并与粉丝共享经济收益，实现NFT艺术生态的发展与壮大。

Decentraland于2017年正式诞生，基于以太坊区块链部署，作为顶级虚拟社交平台可以为创作者提供NFT展示。Decentraland 于2021年10月成功举办了全球首个元宇宙音乐节，也将于2022年举办全球首个元宇宙时装周。创作者可以通过参与这些虚拟社交活动来借机扩大自己NFT作品的影响范围。

创作者要注意的几个重要事项

现在有很多艺术创作者加入NFT赛道掘金，但因为对行业不熟悉，容易失败，轻则劳心劳力不赚钱，重则元气大伤，甚至还有触犯法律的风险。

事项一：违反相关法律

以下内容不能在作品中出现，一旦涉及会有法律风险，这是绝对红线，创作者绝不能碰。

1．作品涉及敏感或历史事件话题，随便使用国旗、各种徽章和不正确的地图等。

2．作品涉及色情、低俗、辱骂、暴力、凶杀，宣扬邪教和封建迷信等敏感内容。

3．作品涉及区块链等内容中恶意包装成虚拟货币的区块链相关项目等。

4．作品涉及散布谣言、扰乱社会秩序、破坏社会稳定。

5．作品涉及侮辱或者诽谤他人、侵害他人合法权益（包含用户未授权信息）。

事项二：盗版

任何上传、发布、销售涉及盗版行为的作品，包括但不限于：

1．未经著作权人许可，复制发行的作品。

2．未经录音录像制作者许可，复制发行的作品。

3．制作、出售假冒他人署名的作品。

4．对已有IP无任何改动，直接搬运或二创已有IP。

5．作品含有未经授权的商标或品牌。

疑似盗版的作品，在NFT中国上会被加上红色风险警示。多次上传盗版作品的创作者，会被纳入禁止铸造黑名单，并且之前的违规会被永久记录在区块链上，无法抹去，这个记录是跟身份证明绑定的，即使重新注册账号也没用。而身份证明又是和提现银行卡绑定的。所以创作者千万不要因一时贪婪而断送自己的前程。

事项三：虚假宣传

创作者在IP宣传过程中，不能出现以下问题：

1．违反广告法，包含"第一""最"等（极限词）夸张性描述。

2．在作品中有利诱性购买描述。如在作品描述中，含有许诺分红、股份发展等欺诈性承诺，诱使收藏家买入了远超合理水平的数量。

3．在作品赋能中进行了过度承诺，远远超过了IP现有能提供的能力。如确实有运营发展需要，创作者在描述未来规划时，需加入"本内容尚在规划阶段，未来实现有风险，请勿以此作为购买依据"等风险警示字样。

比如，在NFT中国，平台会通过主动监控和收藏家举报两大渠道，对于有夸大宣传的创作者实施警告、创作者主页风险警示、纳入禁止铸造黑名单，甚至关停账号的处罚。

事项四：疯狂炒作

元宇宙最重要的应用场景是产业场景，创作者应立足于服务实体经济，扎实推进元宇宙产业化和产业元宇宙化发展，合理阐述元宇宙发展前景，引导收藏家形成理性预期。在NFT中国，平台坚决抵制任何形式的数字产品炒作，禁止用户私下交易数字藏品，避免形成市场泡沫。

事项五：浮夸发展

建议创作者和收藏家保持共同利益，长期良性发展。自觉抵制任何形式的浮夸发展。浮夸发展的结果一定是对IP毁灭性的打击。浮夸发展可能有以下几种特征：

1．天价多版。以超高价发行多版NFT藏品，引诱一群不明真相的收藏家购买。

2．作品重复。作品高度重复，改个颜色改个背景，甚至改都不改，就发布成新的作品。

小结

本章中，我们从火热的NFT市场切入，解释了当下市场火热的根本原因来自于NFT的稀缺性与独有性，也针对传统的创作者分析了其加入NFT创作领域的诸多理由。同时，为已经决定加入NFT领域的入门创作者提出了若干建议。创作者首先需要根据自己的优势，选取合适的NFT平台，目前有艺术、音乐、文创、3D等专业平台，若暂时没有找到自己的对口平台，那么先在综合平台发布自己的作品也是一个不错的选择。随后创作者需要明确自己的受众群体。其次，创作者面对新鲜事物要进行大量的学习，包括什么是加密货币钱包，什么是区块链，以及如何在相应的NFT平台进行铸造、交易等操作，明白铸造背后的逻辑。同时，在正式发布NFT作品时，创作者需要思考自己作品的潜在价值在哪里，如何通过作品背后的故事发掘其中的价值。最后，在发布NFT之后，创作者还需要通过合适的宣发平台聚集粉丝，形成自己独有的粉丝群体。本书抛砖引玉，期望创作者能从中获得些许启发与帮助，以顺利找到适合自己的NFT生态，开启自己的NFT创作之旅。

第六章

NFT 收藏家
指南

发现好的藏品

作为NFT收藏家，想要发现好的NFT藏品，第一步就是要明白什么样的藏品才是好的NFT藏品，接下来的问题则是在哪能找到一个好的NFT藏品。

什么样的 NFT 藏品是好的藏品

关于什么样的NFT藏品是好的藏品这个问题，可以从不同的角度给出很多回答。

从艺术品的艺术价值的角度来看，NFT艺术品与其他艺术品并没有什么本质区别。2021 年 3月11日，佳士得首次举办了纯数字艺术品拍卖会。数字艺术家 Beeple的NFT作品《每一天：前5000天》，以约6934万美元的价格售出，使得它的创作者Beeple成为艺术品价值最高的在世艺术家之一。这次拍卖是一次对NFT艺术品的艺术定价。这次拍卖后，谈及NFT的艺术价值，纽约菲利普斯拍卖行当代艺术高级专家丽贝卡·鲍林表示，与销售任何其他艺术品一样，拍卖行首先关注艺术家的影响力，包括艺术家的受欢迎程度、在社交媒体平台上的受关注度以及他们过去在其他平台上实现的销售价格。丽贝卡·鲍林的评价是对NFT艺术品价值的充分诠释。

　　从艺术的角度来看，好的NFT藏品应具有广受欢迎的创作者。创作者在项目的成功中发挥着巨大的作用。从根本上来说，当你投资NFT藏品的时候，你实际上是在投资项目背后的创作者。优秀的NFT创作者应该具有很强的网络社区号召力，在他们的领导下NFT社区通常会迅速发展。在NFT的世界中，透明是很关键的，优秀的创作者的网络社区应该具有透明的特点，以便与他们可能的未来"投资者"建立信任。

　　从经济角度来看，NFT的价值有更多衡量维度。

　　第一，作为一个好的藏品，好的NFT藏品应该受到市场的普遍认可，这可以通过NFT交易市场上的成交价、成交频率和出价体现。就像富豪们可以通过抵押房产和奢侈品换取充裕的资金流一样，好的NFT藏品受到市场广泛认可，可以随时抵押或出售以换取现金。

　　第二，更具体来说，一个好的NFT藏品应该具有较好的流动性，这意味着你可以在需要售出的时候快速地售出NFT藏品，这可以通过查看NFT交易平台上的同品类NFT成交频率和出价进行调研。

　　从NFT背后独特的加密文化的角度来看，寻找一个优良的NFT藏品有更多有意思的指标。

　　第一，项目路线图或白皮书。NFT藏品项目路线图通常是一份文件或一张图片，路线图是创作者和项目方对项目的远期计划和目标节点的梳理，通常包括关键项目里程碑、短期和长期目标以及营销和增长计划。通过阅读NFT藏品项目路线图我们可以了解NFT项目的目标策略和它的发展方向。在这一点上，投资NFT藏品和普通企业风险投资类似，项目方给出一个清晰的愿景和使命，投资者需要研究项目方给出的愿景有多大可能实现。

第二，社交影响力。社交影响力在一个NFT项目中发挥着至关重要的作用。社交影响力指的是在社交媒体上NFT项目的影响力大小，通常可以根据社交媒体平台上NFT项目粉丝数量、推文互动情况和成员互动情况进行了解。不同的NFT项目有不同的风格和截然不同的社交属性，这可以通过观察NFT藏品支持者社区的气氛和活动做出判断。

第三，网络社区。很多 NFT 市场都是由网络社区驱动的。通常一个好的 NFT 项目背后一定有一个健康的网络社区支持；而一个有良好健康支持的NFT项目才有可能获得巨大的成功。这是因为NFT不仅是一件艺术品，也是网络社区的一部分，网络社区创造了文化，文化创造了追随者。Bored Ape Yacht Club就是一个典型的例子。

Bored Ape Yacht Club

Board Ape Yacht Club的网络社区创造了一种文化符号，吸引大量追随者，社区成员自豪地炫耀他们的藏品。一个优秀的NFT项目网络社区会充满热情地讨论项目的一切，这是一个NFT藏品的重要判断指标。

上面从艺术经济和区块链加密文化的角度分析了什么是好的NFT项目，下面给出一个好项目的标准供大家参考。

1）拥有超过一万的粉丝。

2）拥有超过一万的网络社区成员。

3）每周三次以上的社交媒体更新。

4）每条推文都有超过100条的评论或转发。

5）知名的艺术家。

6）充满热情的网络社区。

7）成熟的开发团队。

8）可实施的项目路线图。

9）成功地做出了创新。

如何找到好的藏品

下面将介绍几个实用的NFT藏品数据梳理工具从而教会读者快速地找到符合以上要求的NFT藏品。

NFTGO

NFTGO是一个专业的NFT数据聚合平台，为用户提供的服务包括：全网NFT市场数据的可视化、多维度的NFT价值排行榜、全网NFT资产搜索、交易平台聚合、专业NFT估价器预言机。

全网NFT市场数据的可视化：NFTGO根据用户需求，对全网NFT交易和资产的实时数据进行采集和可视化，用户可以通过这些

NFTGO 界面

数据全面了解NFT市场趋势，优化自己的NFT购买和投资决策。市场的最新数据包括市值、总成交量、总交易量、NFT及其持有者的数量，以及过去一段时间内NFT市场的趋势。

多维度的NFT价值排行榜：NFTGO提供了多维度的NFT相关指标排行榜，可以帮助用户发现高价值项目与资产、追踪热门NFT巨鲸[⊖]、评估NFT的投资价值、了解全网用户的NFT持仓情况。根据NFT总价值及其增加的总市值、藏品增长、资产价值、持有者数量、巨鲸的持有价值等进行排名。NFT藏品的排名数据包括过去24小时、7天、30天的总价值、交易者、交易量和流动性趋势。

全网NFT资产搜索：NFTGO聚合了全网优质的NFT资产，并根据元信息构建索引，让用户可以在一个平台搜索到全网的NFT资

⊖ 巨鲸是指加密货币市场中的超大户，一般一出手就是巨量买入或
  卖出。

产，以更高效的方式探索NFT世界。在搜索栏中输入要找的资产后，用户可以得到该资产或集合的整体数据，包括它们的基本信息、交易者、总价值、交易量趋势、单个价值、持有人、流动性等。

交易平台聚合：随着NFT去中心化交易平台层出不穷，用户将会对NFT交易信息的共享，以及如何快速买卖NFT有更多的需求。NFTGO在提供NFT资产搜索功能的基础上，聚合了各大交易平台（如OpenSea）的交易信息，打通NFT交易壁垒，给用户更便捷的购买体验。

专业NFT估价器预言机：从2017年加密猫问世以来，针对NFT价值的估计一直存在以下痛点：

1）市场流动性低（依赖NFT市场的历史交易来评估NFT价值的方式是滞后的，它并不代表NFT的最新价值）。

2）NFT种类多样，不同种类有不同估值方法。

3）高投机性。

然而，在Web3.0世界中，数据是资产估值的基础。多样化的标准可以通过NFTGO庞大的数据库和一系列研究的链上信息来制定。数学是真理，而数据很重要。

因此，通过承载各种基本和高级指标的数据聚合引擎，NFTGO正在建立一套NFT估值模型，与最新的市场条件保持同步，使用户更具洞察力。此外，NFTGO还会在链上构建NFT预言机，帮助NFT更好地与DeFi结合。

Parsec

Parsec提供超过30种不同的组件，这些组件可以通过扩展和自定义功能生成对 NFT市场的独特和实时分析，以帮助投资。

Parsec支持NFT市场价格宏观展示、实时成交情况展示。

Parsec NFT 市场宏观展示

Parsec提供K线图的价格分析功能，展示包括地板价（Floor Price）、成交平均价格、单个成交价、成交量、价格均线在内的许多数据。

Parsec还提供1天、7天、24天的持仓变化分析以及整体持仓情况分析和散户持仓情况动态分析。

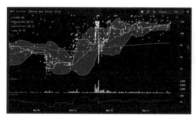

Parsec 价格分析

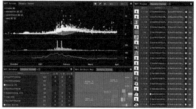

Parsec NFT 整体持仓情况分析

Nansen

Nansen是一个知名的链上分析工具，Nansen目前支持分析NFT

Nansen 主界面

Nansen NFT 市场总览

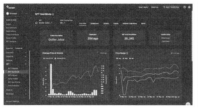

单个 NFT 分析数据

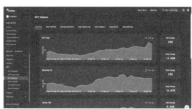

NFT indexes 数据

数据。其中包括NFT市场总览、链上热点分析、单个NFT持仓交易数据分析等专业链上分析。

Traitsniper

Traitsniper是一个Chrome插件，它可以提供快速查询NFT藏品的稀缺性功能、轻松跟踪所有NFT藏品底价、访问所有NFT藏品的排名、快速计算用户的 OpenSea投资组合。Traitsniper已得到超过 8万用户的信任。

Traitsniper 界面

购买与出售

现在你应该已经清楚什么样的NFT藏品是好的藏品了，只需要花上一些时间你就能够寻找出你喜欢的优质NFT藏品，那么下一步就可以购买了。

NFT的交易平台有很多，其中大部分都在以太坊链上运行，少部分在索拉纳（Solana）以及其他区块链上运行，其中以太坊上的

OpenSea拥有很高的市场占有率。本章下面的内容将首先介绍如何在各个NFT平台上进行购买与出售，然后介绍几个批量购买的工具。

在 NFT 中国购买与出售

1. NFT 中国简介

NFT中国是集加密艺术创作与交易、传统文化传播与赋能为一体的全品类加密艺术NFT平台。它运用区块链技术致力于打造一个人人都能参与

NFT 中国网站

的加密艺术生态圈。其主要目的是打造一个各类艺术家及其作品与海内外收藏家接触的一个NFT平台。

2. 在 NFT 中国上购买 NFT

NFT中国的特点在于支持人民币结算以及友好的中文流程，NFT中国有人民币支付系统，用户不再需要在非常复杂的英语环境下使用交易平台，不再需要安装任何加密货币钱包，也不再需要购买虚拟货币。买家可以直接用人民币购买数字艺术品，卖家也可以直接用人民币结算。这种特点降低了用户的操作难度。NFT中国在用户体验方面已达到世界领先水平。

用户在NFT中国平台上购买NFT就像是在游戏商城中购买皮肤一样简单便捷。在官网、APP以及其他各种形式的设备上，用户仅需要登录，并单击"探索"按钮，就可以开始购买NFT的旅程。

在探索页面上，NFT中国会显示各式各样丰富的正在出售的

NFT作品，用户可以轻易地查阅NFT作品的各种信息，包括艺术家、价格等。

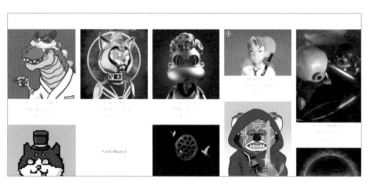

NFT 中国探索页面

当用户选定了一个 NFT之后，就可以开始购买流程。用户只需要确认少部分配置，就可以单击"立即购买"开启直接使用真实货币结算的流程。

NFT 中国购买页面

3．在 NFT 中国上出售 NFT

用户在NFT中国上可以选择出售已有的NFT，也可以选择重新铸造一个NFT（需要进行认证）。

NFT在国内的相关法律有待完善。NFT中国会调用谷歌搜图API和百度搜图API，检测图片的原创性。创作者在申请通过后，才可以铸造自己的NFT作品，NFT作品包括但不限于插画、摄影、音乐、视频等，并且版权归创作者所有。NFT中国对于创作者的每份作品都需要进行人工审核和复查，保证作品是独一无二的，让收藏家购买作品有保证。作品审核通过后，就会给创作者发布NFT作品的证书，创作者就可以设置并出售其NFT了。

4．NFT中国的主要优势

NFT中国的"入场"费用比较便宜，只要33元铸造燃料费（无其他额外费用）。

OpenSea的首次出售，会有区块链网络手续费，价格随着以太坊ETH的价格波动而波动；即使缴纳了费用，NFT也只能在OpenSea出售。而NFT中国人性化的一点是在NFT中国的平台出售NFT时，NFT中国还会把该NFT作品推荐到海外的主流平台，这等于NFT作品不仅限于在NFT中国的平台展示出售，NFT中国还作为经纪商尽可能地为该NFT作品匹配全球潜在的收藏家。

从作品本身来看，国内的阿里巴巴、腾讯等目前主要的NFT作品是它们与影视剧、音乐、体育等知名IP合作批量生产出来的衍生品。NFT内容创作者在NFT化过程中基本上是消失的状态，比如腾讯的《十三邀》系列NFT，许知远本人并不是这个加密数字艺术品NFT的创作者。

与大厂的知名IP不同，NFT中国致力于扶持平凡却优秀的加密数字艺术。从诞生之初，NFT中国就开始了内容生态的布局。旗下的NFTCN STUDIO，专注于和艺术家合作并进行运营和孵化。2021年7月上线的艺术家星链计划，更是从入驻、运营、售卖合作等全方面扶持优秀的加密数字艺术家，鼓励他们通过NFT作品凝聚全球的粉丝，打造自己的艺术社区氛围。

在 OpenSea 购买与出售 ⊖

1．OpenSea 简介

OpenSea是现今最大的NFT交易平台。OpenSea拥有丰富的NFT种类，上架商品分为几大类，即艺术、音乐、域名、虚拟世界、交易卡、收藏品、体育和功能性资产。其中最受欢迎的类别是收藏品，包括 CryptoPunks 、 Bored Ape Yacht Club（BAYC）、 Pudgy Penguins 等不同NFT项目。以Bored Ape Yacht Club为例，它备受NBA 球星、饶舌歌手、知名主持人等名人推崇，在OpenSea的地板价已超越了CryptoPunks，宣称在OpenSea交易平台上的总交易量正式突破10亿美元。2022年1月，OpenSea平台完成3亿美元融资，估值增长至133亿美元，在半年内身价大涨8倍。

2．使用 OpenSea 交易时需要注意的事项

如前面章节对NFT交易平台的介绍，OpenSea的核心优势之一就是OpenSea是一个分布式去中心化交易平台，所有的交易和活动都在区块链上被实时地记录下来。

除此之外，OpenSea还将业务扩展到了三个区块链基础设施：以太坊、Polygon和Klatyn。换句话说，用户可以在OpenSea上购买任何基于这些区块链的NFT。

值得一提的是，OpenSea也为其所有主要功能提供了易于理解的操作流程，包括铸造、购买和出售NFT。从本质上说，用户不需

⊖ 本书介绍的国际NFT平台的交易方式，旨在从全球视角完整呈现NFT生态，以供读者全面地了解NFT市场及其未来发展空间。——编者注

要任何编码和专业技术的经验就可以流畅地使用OpenSea平台。

最后，OpenSea提供了一种完全技术性透明的方法来创建用户自己的NFT，当然这项功能多亏了Polygon的集成。对于不熟悉Polygon的人来说，它可以被看作是一个普通的区块链，不过用户在这个区块链进行交互和交易会更便宜。

3．在 OpenSea 上购买 NFT

第一步：准备一个加密货币钱包，并为它提供资金。

作为一个新用户，在开始购买OpenSea上的NFT藏品之前，用户需要注册一个账户。要做到这一点，用户先要有一个加密货币钱包，里面要有足够的钱来购买NFT。在OpenSea，用户用来购买NFT的货币是以太币（ETH）。在这一步，建议使用Chrome浏览器上的MetaMask（小狐狸扩展钱包），它是目前最流行的一种用于交易NFT的插件钱包。

首先用户需要注册钱包（如MetaMask）并将它设置为用户的浏览器扩展组件，并通过OpenSea的网站连接到钱包。为了做到这一点，用户要去OpenSea网站导航右上角的工具栏单击Profile。用户将看到一个提示，该提示要求用户选择首选的钱包。接下来，选择钱包（如MetaMask），并从钱包中完成连接过程，然后，用户就可以查看OpenSea市场上提供的NFT藏品了。如果用户没有ETH，可以在MetaMask钱包中单击"Buy"来使用其他货币获取ETH。

第二步：配置账户。

设置好钱包后，用户会被导航到OpenSea的默认配置页面。由于该用户账户处于默认状态，所以用户需要对账户进行个性化设置。在此之前，OpenSea会提示用户签署一份继续执行的协议。一旦用户进入了这个步骤，就可以通过输入用户名、编写个人简介和添加个人资料图片来定制自己的个性化账户。

第三步：浏览OpenSea的NFT藏品。

OpenSea 探索页面

用户需要先找到自己想要获得的NFT。打开用户的OpenSea界面，单击"Explore"。在那里，用户将看到数以千计的可用的NFT藏品。

第四步：直接购买或出价。

当用户发现自己喜欢的NFT时，用户可以直接选择购买或报价，在那之前请确保彻底检查了NFT藏品的所有细节，包括它的历史价格，以确认此NFT藏品是值得购买的。请记住，一些NFT会提供"Make offer"选项，在此用户可以向所有者提出购买报价，并且用户可以通过查看已出价的情况，来了解自己可以出价多少。在OpenSea，出价必须至少比前一次高出5%。

第五步：实际购买。

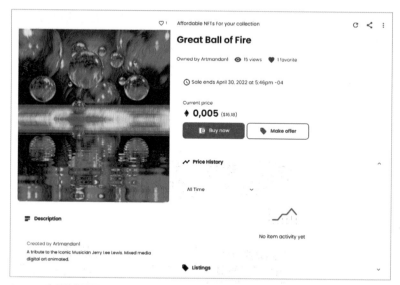

OpenSea 商品价格页面

用户在选定一件NFT藏品后，无论是选择直接购买还是出价，最终实际购买时都需要进行支付操作。

单击"Buy now"结账；用户将看到交易NFT的详细信息；点击"Confirm checkout"确认支付；接下来，OpenSea将加载用户的加密货币钱包（如MetaMask）。

OpenSea 支付页面

用 MetaMask 支付购买资金

在这里，用户会看到购买的所有细节，比如估计的区块链网络手续费和处理交易的时间，用户可以通过单击"EDITAR"来更改区块链网络手续费，但请记住，降低区块链网络手续费将大大降低交易速度。使用MetaMask的最佳时间是在以太坊网络不太繁忙的时候。

关于区块链网络手续费：查看Etherscan.io上的以太坊矿工，查看当前的区块链网络手续费。用户也可以在以太坊矿工站上查看推荐的区块链网络手续费。当用户准备购买时，单击确认并等待，直到用户的购买行为在几个区块内被处理。

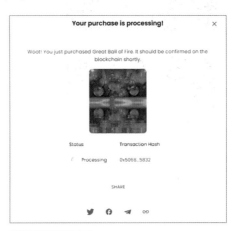

等待区块链确认交易

用户购买的全新NFT将出现在用户的收藏栏中；用户只需回到个人资料页面，等待新的NFT出现。单击用户所拥有的NFT就可以看到NFT的详细信息。

NFT 出现在用户收藏栏中

NFT 详细信息

4. 在 OpenSea 上出售 NFT

OpenSea 出售页面

如果用户想要出售自己的NFT，只要单击OpenSea页面右上角栏的"Sell"，用户就会被跳转到一个新页面来设置出售信息。

用户可以选择是以固定价格还是以限时拍卖及限定日期出售。出售过程是免费的，但在交易时OpenSea会收取每笔交易2.5%的中间费用。

在 LooksRare 购买与出售

1．LooksRare 简介

尽管OpenSea目前在NFT交易领域占据主导地位，但这并不是说其他NFT交易平台不会从OpenSea的利润中分一杯羹。LooksRare已经在社交媒体平台上获得了广泛的好评，LooksRare是一个非常有前景的平台。在其发行的第一个月里，有几天LooksRare的日销售额超过了3.94亿美元，交易量甚至一度超过了OpenSea。

LooksRare是一个社区优先的NFT交易平台，遵循"成就于NFT用户，回报于NFT用户"的行事原则，它积极地奖励平台的所有用户。无论用户是创作者、收藏家还是交易者，都有资格获得LOOKS通证。LooksRare平台的最终目标是回馈所有用户。

同时，LooksRare的智能合约构建在一个模块化框架内，允许其随着时间的推移实现新的功能。LooksRare透明地定义了执行计划的标准化签名，所有这些都是在不损害安全性的情况下完成的。

总而言之，LooksRare是一个新兴的NFT交易平台。随着最近稀有数字商品经济的繁荣，NFT市场的概念开始流行。在平台竞争力方面，用户喜欢LooksRare的主要原因是它较低的交易费用和社区优先原则所蕴含的价值。

2．在 LooksRare 上购买 NFT

第一步：创建加密货币钱包。

LooksRare在以太坊网络上运营，要与其交互，用户需要一个加密货币钱包。如果加密货币存储在交易平台（如Binance），那么交易平台不会被视为加密货币钱包，LooksRare将无法在其上工作。如同OpenSea一样，LooksRrare也建议使用MetaMask加密货币钱包。

第二步：连接到加密货币钱包。

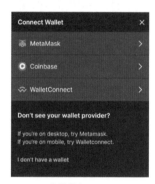

在LooksRare网站的任何页面上，如果用户的钱包尚没有连接，用户将会在右上角看到一个连接按钮。接下来用户将选择希望连接的钱包（MetaMask，CoinbaseWallet，或WalletConnect）。之后用户需要批准从钱包到looksrare.org的连接。注意，用户应仔细检查URL，以确保其在正确的域名下进行操作。

LooksRare 连接钱包

第三步：创建个人资料。

要在LooksRare上交易，用户首先需要初始化加密货币钱包，单击LooksRare网站页面右上角的"Connect Wallet"按钮。

LooksRare 创建个人资料

连接加密货币钱包和初始化用户账户后，进入账户页面，单击"Edit Profile"按钮。用户可以看到一些允许自定义配置的个人信息字段，包括头像（只能指定一个NFT头像）、用户名、社交网络账号等。

自定义个人信息

第四步：购买LOOKS。

通过连接的加密货币钱包购买LOOKS代币。

第五步：浏览NFT。

从LooksRare网站上的几个不同区域开始浏览固定价格的NFT，如查看单个NFT、搜索出的NFT。

第六步：购买NFT。

选定感兴趣的NFT藏品之后，可以单击"Buy Now"开始购买过程。

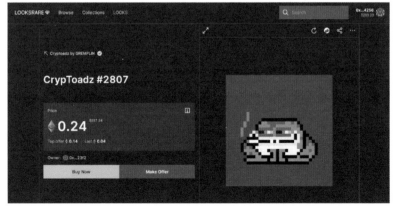

LooksRare 浏览 NFT

一旦用户单击了"Buy Now",用户将要选择用于支付NFT藏品的货币。可以用wETH、ETH或两者的结合来进行支付,如果用户还没有启用wETH消费,或者没有选择使用wETH作为支付货币,则需要在LooksRare上第一次使用wETH购买NFT时进行选择设置。

最后,用户会在钱包里被提示确认购买。确认此交易,完成一个新的NFT藏品的购买。

LooksRare 购买 NFT

除此之外,LooksRare还允许提出收藏报价(Collection Offer)。

3. 在 LooksRare 上出售 NFT

使用定价出售NFT

要在LooksRare上出售NFT,用户首先打开想要出售的NFT页

LooksRare 出售页面 ·   批准 NFT 出售

面，然后单击右上角的"Sell"。

如果用户没有看到"Sell"按钮，需要确认是否连接到了正确的钱包。接下来，将看到出现一个对话框。在其中输入想要出售的NFT的价格，然后单击"List Item"。

如果用户第一次出售这个系列的藏品，网站会要求用户同意该系列的交易。每个系列只需要这样做一次，一旦同意了系列中的一个藏品，就不需要再次这样做，除非稍后撤销了同意。

最后，用户需要用钱包中的交易签名来确认出售藏品。

接受报价的NFT出售

首先，用户要接受NFT出售报价，需要去该NFT的页面，一旦进入了这个页面，用户就可以看到报价的信息，在希望接受的报价上单击"Accept"按钮，将开始这个交易的过程。

上述操作将激活一个显示报价细节的窗口，再次单击"Accept

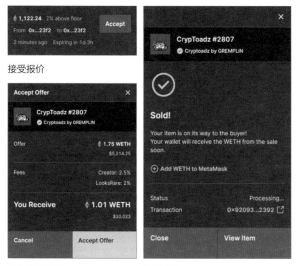

接受报价

接受报价页面　　　　　　　　　出售成功

Offer"以确认这是用户想要接受的报价，然后，在加密货币钱包中进行交易确认。

交易完成后，将看到一条成功消息，显示销售已成功。

4．LooksRare 与 OpenSea 的区别

LooksRare在以下几个关键方面与OpenSea不同。

（1）以通证回报社区。LooksRare会给予平台的交易用户和NFT创作者奖励、赋权和回馈。

（2）即时版税。不同于OpenSea每两周才会向创作者分配一次版税收入，LooksRare实行版税的实时支付，创作者不需要等待数周才能收到版税，只要人们交易NFT，创作者就可以即时领取版税。此外，版税会以ETH的形式分发给创作者，而非任何ETH的封装资产，这样就为创作者省去兑换ETH的过程及区块链网络手续费。

（3）交易奖励。当用户在LooksRare平台上购买或出售指定系列里的NFT时，用户可以赚取交易奖励，奖励以LOOKS形式发放。

（4）共享平台收益。在LooksRare平台上，用户每次交易NFT需支付2% 佣金给平台，对比OpenSea的2.5%要少了一些；而且这些佣金会完全分发给 LOOKS的质押者，用户只需要质押LOOKS就可以获得平台每日交易佣金的分红。

目前，LooksRare支持查询以太坊上的所有NFT作品，用户可以在该平台上购买NFT并获取LOOKS奖励，也可通过质押LOOKS赚取平台每日佣金分成wETH及LOOKS奖励。

LooksRare无论是从产品功能还是商业模式上，都较OpenSea做出了实际的改善，但最终能否在NFT交易市场中胜出，还需要时间

验证。毕竟，OpenSea经过时间的沉淀，有更丰富的NFT种类，用户也形成了交易习惯。

如果你想在不久的将来买卖NFT，那么LooksRare是值得关注的。作为一个社区优先的NFT交易平台，LooksRare有一个十分可靠的奖励系统，使每个人都能够受益，包括平台交易员及通证的持有人。尽管到目前为止，OpenSea的发展势头依然很强劲，但LooksRare正在迎头赶上，并在事实上已经成功地创建了一个充满活力的社区，而且兑现了对用户的奖励承诺，目前已经成为OpenSea的一个可行的替代选择。

在 Rarible 购买与出售

1．Rarible 简介

Rarible是一个运行在以太坊上的NFT铸造和交易平台，也是一个多链社区驱动型的开源平台，允许用户零门槛创作和展示自己的作品，并拥有NFT的所有权。Rarible由Alexander Salnikov和Alexei Falin于2020年创办，主要团队成员都在莫斯科。Rarible通过发行专属平台币RARI，让用户能参与平台的发展决策。另外，Rarible上架的作品可以在OpenSea中看到，这让Rarible卖家接触到更多用户，从而提升整体交易量。

Rarible专注于跨链兼容性，目前已集成到Flow和 Tezos公链上。Rarible在产品形态上与OpenSea有众多重合属性，它们都属于综合NFT交易平台。自OpenSea上线NFT创作功能之后，Rarible的产品与OpenSea的产品越来越相似。

在2021年下半年，Rarible团队在产品上做出了多个改进和创

新。首先，Rarible 开发了APP版本，成为首批有移动端应用的NFT
交易平台，用户使用手机就可以随时随地管理或交易NFT资产，也
可直接将一些现实的作品铸造为NFT，比如，用手机拍照或上传
手机上的图片来制作NFT。其次，Rarible还为NFT交易用户和创作
者开发了交流工具Rarible Messenger，交易用户可以直接在Rarible
上与创作者联系，这就为NFT交易平台扩展出了社交功能。此外，
Rarible还推出了开源协议Rarible Protocol，从而汇集了NFT市场
上的发行和交易数据，为NFT应用的开发人员提供了开发组件及
模板，开发者可以使用这些工具任意构建产品，无须从零开始。
Rarible还形成了自己的社区DAO，为创作者提供多种获得资金和曝
光的机会，并计划奖励创作者。

截至2022年1月10日，Rarible NFT交易量金额达2.74亿美元。

2. 在 Rarible 上购买 NFT

如前面所言，Rarible是众多加密艺术画廊和市场中的一个，
NFT的所有者可以在这里展示自己的藏品并出售。这个市场与其他
市场如OpenSea的不同之处在于，任何成员都可以在以太坊、Tezos
和Flow这三个区块链中交易自己的NFT。

开始使用Rarible时，用户所需要创建的账户是一个选定区块
链的加密货币钱包，该钱包支持Rarible运营的三个区块链：以太
坊、Tezos和Flow。虽然MetaMask可以说是NFT收藏家中最受欢迎
的加密货币钱包，但在Rarible上也可以用其他以太坊钱包，包括
Torus、Mobile Wallet、Portis、Coinbase Wallet、MyEtherWallet、
Formatic等。

因为Rarible支持三种不同的区块链交易，所以有多种方式来买卖NFT，这取决于NFT的铸造方式和价格。在Rarible上购买NFT有两种方式：以固定价格购买或以拍卖形式购买。

以固定价格购买：卖方将以固定价格为买方列出NFT藏品。如果想要购买，买方单击NFT上的购买按钮，连接钱包并确认即可完成交易。

以拍卖形式购买：在拍卖中，NFT将被限制在一定时间内拍卖，在此期间多人可以出价。拍卖结束时的最高出价者将赢得购买NFT的权利。拍卖只能使用加密货币，所以买方需要准备足够的加密货币以便出价。此外，要注意的是任何加密交易通常都是要缴纳区块链网络手续费的。

Rarible支持的每个区块链都有不同的购买方式。例如，CryptoEggs Civilizations是在以太坊区块链上以动画形式铸造的特色NFT。买方要购买NFT并将其添加到连接的钱包中，需单击购买按钮。这时会弹出一个付款窗口，显示出扣除2.5%区块链网络手续费后的价格。如果用户的钱包里没有足够的钱，也可以用VISA信用卡购买。

然而，值得注意的是，并不是所有的钱包和区块链都允许使用信用卡或借记卡购买NFT。例如Ottez NFT藏品是在Tezos区块链上铸造成的。当选择立即购买时，买方需要持有足够的Tezos币来完成交易。Tezos区块链上的NFT，不能直接用VISA信用卡购买，但可以在Rarible中使用VISA信用卡为钱包充值。

3．在 Rarible 上出售 NFT

一旦拥有了一个或几个NFT，NFT的持有者就可以在个人资料中展示和出售它们。由于NFT存储在加密钱包中，所以NFT的持有者可以选择在网站上显示哪些NFT，并列出价格。如果有人决定购买NFT，Rarible将负责安全交易，确保NFT转移到买家的钱包中，并将收益存入卖家钱包。

4．Rarible 与其他交易平台的区别

虽然可能不会在这里找到Bored Ape Yacht Club或CryptoPunk，但Rarible为收藏家收藏NFT和创作者铸造NFT提供了一个独特的平台。由于它支持三个不同的区块链，因此它为大量的新用户提供了一个进入NFT领域的机会，用户无须在加密货币上花费大量资金，或将代币从一个钱包转移到另一个钱包。

在 SuperRare 购买与出售

1．SuperRare 简介

SuperRare是一个专门为专业、知名艺术家打造的NFT平台，也是最早成立的NFT平台之一，创建于2018年，同样建立在以太坊上。相较OpenSea，SuperRare对NFT作品质量要求更高，它对创作者设置了一些门槛，比如，艺术家首先要向平台提出申请，SuperRare每周进行严格的NFT出售资质审查，审查通过后NFT藏品才能上架出售。另外，SuperRare对作品版权有较完善的保护机制，对于专业艺术工作者或是非常重视版权问题的创作者来说，SuperRare是首选的NFT交易平台。

如果说OpenSea等走的是亲民路线，SuperRare则选择了高端精品路线，主要为在区块链上铸造的加密数字艺术品服务，在这里，

用户可以观摩和购买世界顶尖艺术家的作品。从服务对象来说，OpenSea等服务的是NFT创作者和购买用户，SuperRare服务的则是艺术家、收藏家和策展人，并希望能为真实、高质量的艺术策展建立一个流通场所。

SuperRare认为，收藏本质上是一种社交，收藏家和艺术家可以围绕他们共同的爱好轻松互动，该平台希望自己能提供一个供加密艺术爱好者交流和收藏作品的平台。

RARE是SuperRare的平台通证，供应总量为10亿枚，主要用来为网络社区的资金分配、网络和协议的改进提案进行投票。

SuperRare产品也在不断升级迭代，在最初的1.0版本中，核心团队亲自挑选艺术家，并将他们的作品铸造为NFT，并通过交易，使艺术家能将作品出售给收藏家。

2021年8月18日，SuperRare2.0版本上线，并推出SuperRare Spaces和SuperRare DAO等新功能。

SuperRare Spaces被称为社区画廊，它允许独立策展人、艺术家及推广者在其上推出他们自己的画廊页面，策展人、收藏家和社区成员通过这个画廊举办特定主题的展览并发布作品，艺术家也可以在此进行更多的实际推广和销售。

社区画廊需经过社区成员审核，SuperRare的平台通证RARE的持有者将进行投票，选出社区画廊的经营者，当选的经营者将挑选艺术家及其作品，按照他们认为合适的方式进行营销，经营者也可以通过此社区画廊展览的NFT销售获得佣金。

SuperRare DAO是一个由RARE持有者和 SuperRare 治理委员会管理的去中心化自治组织，负责监督社区画廊，以及管理展览推出时间、规划社区财政支出和平台的未来发展。

SuperRare治理委员会是一个由被提名的社区成员组成的小组，根据RARE持有者的投票来获得执行权和决策权。

2．在 SuperRare 上购买 NFT

SuperRare将买家称为"收藏家"，任何在SuperRare上购买的加密艺术NFT都会自动显示在买家的收藏栏中。以下是在SuperRare中成为稀有收藏家并能够购买NFT的几个步骤。

第一步，准备钱包。

与加密货币一样，NFT也存储在加密货币钱包中。SuperRare并不提供原生的加密货币钱包，用户需要连接自己的第三方钱包。SuperRare目前支持3个流行的Web 3.0加密货币钱包，包括MetaMask（推荐使用），Formatmatic和Wallet Connect。

第二步，创建一个账号。

一旦钱包连接好，用户就需要设置用户名和密码，然后进行一

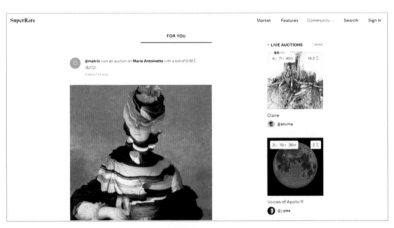

SuperRare 主页

个简单的验证过程。用户将需要接受（也称为钱包的"签名"）钱包上出现的提示，以完成账户的注册。之后，就可以开始收藏之旅了。

第三步，在SuperRare上浏览NFT。

一旦创建了一个账户，用户浏览SuperRare的基本界面就非常简单了。从登录页面上部向下滚动将显示活动纲要，其中显示出售和拍卖的NFT艺术品以及这些NFT艺术品的售卖时间。

会员可以选择定制主页，并在他们的SuperRare网络中显示来自特定创作者的NFT，这相当于关注了社交用户，增加了一些社交网络元素。

事实上，主页并不是找到新的潜在待售艺术品的唯一途径。界面上的"Market"选项卡可以显示当前可用的所有内容，也可以调整筛选项以显示艺术家或NFT艺术品，并可以添加限制条件来缩小

SuperRare 检索 NFT

搜索范围。

用户还可以使用"Search"搜索艺术品。在这里，用户可以输入特定的关键字、标题或艺术家来找到想要的NFT。

平台的一个关键功能是"Features"。这是SuperRare的NFT展厅，在这里举办特别的藏品和合作活动。新手可能对此感觉有点不知所措，但对于加密数字艺术品的粉丝来说，Features功能是一个了解最优秀的NFT艺术品的主要方式。

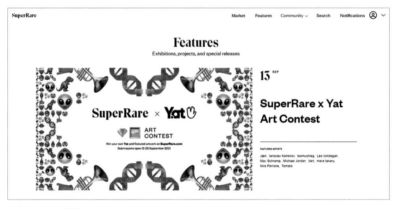

SuperRare NFT 展厅

第四步，购买NFT。

用户熟悉了SuperRare的界面后就可以找到想要购买的NFT了。实际的购买过程相对简单，并且取决于NFT的出售类型。有些NFT只能通过拍卖获得——这意味着可以向卖家出价，然后卖家可能会接受报价或让拍卖继续进行。另一种选择是用户以固定价格购买NFT；用户也可以为这些NFT艺术品出价。

用户需要确保连接的钱包中有所需数量的加密货币（ETH）。

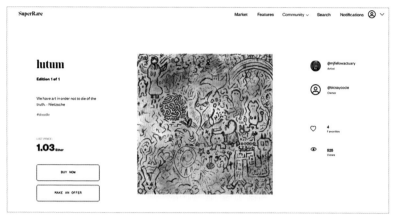

购买 NFT 页面

然后，只需单击"BUY NOW"或"MAKE AN OFFER"——这视卖家规定的NFT交易的类型而定。

而后，根据SuperRare上的提示以及钱包来确认交易。当交易在几个区块内结束后，NFT将显示在用户的个人资料的收藏栏中。

3．在 SuperRare 上出售 NFT

在SuperRare上出售NFT有点困难。SuperRare希望出售真正的加密数字艺术品，而不是出售普通的NFT。为此，SuperRare对卖家的要求高于其他NFT平台。

任何潜在的卖家都需要先向SuperRare官网提出申请。申请的程序本身很简单，但要求卖家做出一定承诺——SuperRare上列出的任何NFT都必须是原创的、由账户所有者创建，最重要的是，不在其他任何平台进行NFT化。从理论上讲，这意味着SuperRare上出售的所有NFT艺术品都是独一无二的，拥有代表着加密数字艺术品的唯一的符号。

4．SuperRare 与其他交易平台的区别

SuperRare是一个面向艺术品的NFT平台，用户不会在其网站上找到游戏、域名、音乐或其他NFT分类。SuperRare拥有一批真正令人印象深刻的艺术家，从绘制动画或摄影的现实主义的创作者，到迷幻或概念艺术家。有时候，SuperRare给人的感觉很像一家高端画廊，里面有许多新老艺术家和他们创作的引领潮流的艺术作品。

SuperRare的收费相当简单。该平台会向卖家收取15%的佣金。这对于大多数NFT市场来说都是很高的（一般是2.5%的佣金），但是与现实世界的艺术画廊相比还是很低的，虚拟艺术画廊实际上就是SuperRare尝试的模式。

SuperRare最大的特点之一就是使用区块链来制定艺术家的委托标准。SuperRare上的NFT作品每一次的二次销售都将支付给艺术家成交价的10%。这意味着创作者总能从他的作品中永久获得回报，无论作品转手多少次。

SuperRare最近又向前迈进了一步——设立了收藏家佣金。这条规定要求NFT的二次销售必须支付1%的佣金给第一个收藏家。与创作者的版税不同，第一个收藏家的佣金会随着交易次数推移，每次下降50%，直到耗尽为止。平台甚至设置了次级收藏家的佣金，第二个收藏者从随后的销售中获得0.5%的佣金，但这也会随着交易次数降低。

与Rarible类似，SuperRare也迎合了新兴NFT市场的不同领域。SuperRare促进网络社区的共同治理，并授权NFT创作者们设定佣金和未来的版税。SuperRare是NFT世界的高端艺术画廊。SuperRare将自己定位为一个策展平台，从平台愿景上讲，它会去选择那些创

作最优秀的、独特的加密数字艺术品的高质量NFT创作者。

在 Sound 购买与出售

Sound认为加密艺术领域的音乐相关资产拥有潜力巨大的未开发市场。音乐产业需要创新，需要让音乐人更容易地控制他们的知识产权。加密货币与去中心化NFT的理念将使音乐人有可能在去中心化的市场中被更多地发现，并帮助他们充分发挥艺术才能和赚钱。

本文前面已经介绍了很多关于NFT的相关项目，大都是画作，然而NFT艺术品有很多种类，包括绘画、音乐、文字、游戏等。NFT音乐也是一种加密数字资产，与单个音乐片段相关联。事实上传统授权音乐的大部分权利都掌握在中心化音乐平台手中，这对于创作者和粉丝来说都是一个不利的情况，而NFT音乐则可以作为传统授权音乐的更为高级的替代品。

"什么是NFT音乐"这个问题的答案很简单：它是音乐的加密数字表现方式。

每个NFT都有其唯一的标识符，并且不可分离地与底层记录绑定在一起。简单地说，NFT音乐可以理解为区块链上的加密数字代币。它可以成为一种不可变的、透明的和可靠的内容分发方法。

NFT音乐的出现对于艺术家来讲有着重要的意义，他们不再需要浪费时间与音乐平台签订版税合同。通过制作NFT音乐，他们可以指定何时以及如何获取他们的收入。此外，他们可以设计NFT，使其不能转售，从而更好地保护自己的作品。

NFT音乐对于听众同样有着重要意义。在NFT音乐平台中，NFT音乐可以用来交换金钱、商品或其他NFT音乐。只要遵守平台的规则，用户的权力和利益就会受到保护。用户可以享受音乐产业加密数字化发展带来的所有好处，而不必担心为了满足自己的热情而花费更多金钱。

1．Sound 平台简介

NFT音乐是音乐领域的不可替代的通证。NFT音乐的想法是创造一个交易工具，可以把音乐艺术作为礼物赠送、出售、购买。目前，有很多方式可以购买加密数字音乐，它就像加密货币一样。虽然一些音乐家已经在以太坊和其他区块链上制作了他们的NFT音乐。但总体来说，NFT音乐对于音乐家来说还是一个非常规的概念。而Sound平台的出现将打破这一局面。

购买NFT音乐有两种不同的方式：在NFT音乐平台购买，直接从音乐家的商店购买。音乐家们完全可以控制他们卖什么，卖多少。有了合适的软件，他们可以提供捆绑的歌曲和实体专辑，也可以提供单独的歌曲和数字专辑。

支持和购买NFT音乐最简单的方式是在Sound平台上浏览，粉丝们可以在Sound上选择各种各样的NFT音乐，并直接购买。Sound是完全安全的，它为交易加密数字音乐提供了一个可靠的平台。粉丝们也可以设置提醒，当他们喜欢的NFT音乐出现时，让平台提醒他们。

Sound正在为下一代音乐家和他们的社区提供动力。音乐家们可以用一系列限量版的NFT来举办新歌发布会，从他们的音乐作品中获取更多的价值，并与他们的粉丝更紧密地联系在一起。粉丝可以支持他们最喜欢的音乐家，对歌曲发表公开评论，并与音乐家和其他粉丝互动。

2．在 Sound 上购买 NFT

首先进入Sound.xyz的官方网站，然后用户会看到如下的网站
界面。

Sound 主界面

用户要在Sound上购买NFT音乐，第一步需要准备一个交易钱
包，并为它提供资金。

首先用户需要注册加密货币钱包（如MetaMask）并设置它作
为用户的浏览器扩展组件，并通过网站右上角的"Connect wallet"
连接到钱包。

选择加密货币钱包

接下来，用户将看到一个提示，该提示要求用户选择首选的钱包。用户选择钱包（如MetaMask）并从钱包中完成连接过程。

单击下一步按钮在钱包中完成后续的设置，然后，用户就可以在Sound上查看并购买NFT音乐了。

Sound 提供了推荐的 NFT 音乐

Sound提供了推荐的NFT音乐。用户也可以在主页的底部找到NFT音乐市场。

NFT 音乐市场

选择音乐即可查看信息并购买。

购买 NFT 音乐

3．在 Sound 上出售 NFT

如果用户想要出售自己的NFT音乐，首先在Sound中填写申请表，注册成为音乐家。Sound的目标是为所有的音乐家提供价值。在确定申请流程的过程中，音乐家可以自由地参加讨论，结交新朋友，并提出问题。

注册成为音乐家

单击"Start"按钮开始认证，成为音乐家之后，就可以在Sound上发行并出售自己的NFT音乐了。

4．Sound 与其他 NFT 音乐平台的区别

（1）来源。Sound是第一家与音乐家签订智能合约的平台，允许音乐家保留作品的版权和来源，这是因为创建NFT音乐的智能合约对每个音乐家都是独特的，音乐家不会迷失在NFT的海洋中。

（2）包容性。Sound让音乐家们能够在参与更多社区活动的同时，仍然保持NFT的稀缺性。音乐是为了拉近人与人的距离，而不

是为了显示某人有多富有。

（3）有趣。用户可以在歌曲、金蛋和更多的东西上留下评论，并相互讨论，从而被激发出兴趣。Sound上有好故事、好音乐，用户在此可以和优秀的音乐家一起娱乐，获得更多参与感和互动。

用 Genie 工具批量交易 NFT

1. Genie 简介

Genie是一个以太坊链上的NFT交易聚合工具，它使得用户可以通过一笔交易批量在主流平台上购买和出售NFT，为用户节省时间和交易成本。Genie 的愿景是成为一个元宇宙的聚合器，以便用户在任何地方都可以访问所有信息。

Genie 主界面

Genie 于 2021 年 11 月正式推出，迅速在 NFT 领域获得关注，并成为顶级 NFT 平台之一。

2. 在 Genie 上购买 NFT

在Genie上购买NFT很简单。

　　第一步，从搜索框中或发现列表中选择心仪的NFT，选择NFT
将其加入购物车。

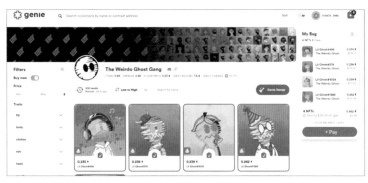

选择 NFT 加入购物车

　　第二步，单击"Pay"按钮，此时Genie会为用户计算所需费
用，并显示实际可以购买的NFT。

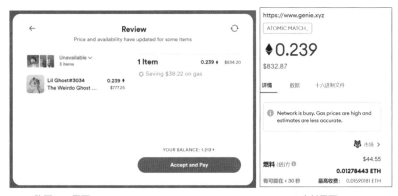

Genie 购买 NFT 界面　　　　　　　　　　　　　MetaMask 支付界面

　　第三步，在MetaMask钱包中选择在以太坊的网络中支付的区
块链网络手续费，单击"Accept and Pay"按钮。

　　第四步，等待数据上链。

第五步，交易成功，Genie会为用户显示购买成功信息。

3．在 Genie 上出售 NFT

第一步，单击"List"进入Genie的挂单页面。

第二步，选择待出售的NFT和计划使用的NFT平台，Genie支持的主流平台包括Rarible、OpenSea。选择挂单时间，这决定了此次挂单价格的有效时间。输入挂单价格，挂单价格可以根据市场不同而不同，也可以在各个市场挂同样的价格。

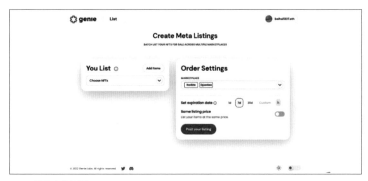

Genie 挂单出售页面

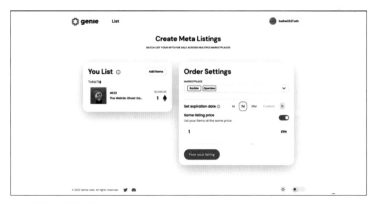

Genie 选择出售的细节

第三步，单击"Post your listing"
发布挂单，平台弹出如下窗口。用户
第一次使用时需先初始化钱包，然后
在区块链上设置NFT权限，最后在交
易平台挂单。

第四步，等待数据上链，Genie会
显示已成功挂单。

Genie 出售挂单过程

用 Gem 工具批量交易 NFT

1．Gem 简介

与Genie类似，Gem也是一个 NFT

Genie 等待数据上链

交易聚合工具，用户可以使用Gem提供的 Web 3.0购物车购买多个
NFT，并可以使用任何代币支付结算，Gem可以帮助用户节省以太
坊区块链网络手续费。

2．在 Gem 上购买 NFT

第一步，从搜索框中或发现列表中选择心仪的NFT，选择NFT
将其加入购物车。

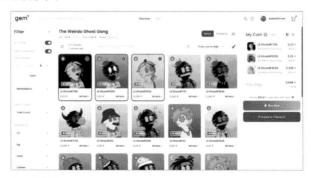

Gem 购物车

第二步，选择支付方式，Gem可以帮助用户集成Uniswap交易，使得用户可以用任何可兑换ETH的代币购买NFT。

Gem 支付方式选择

第三步，确定并单击支付按钮，在弹出的MetaMask钱包中确认支付。

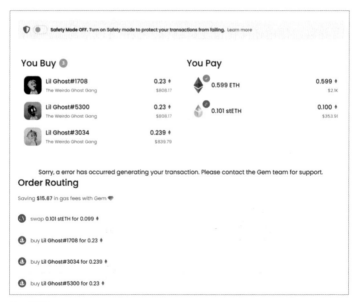

Gem 支付

第四步，等待数据上链，Gem会显示交易成功。

3．在 Gem 上出售 NFT

在Gem上出售NFT的步骤与Genie完全一样，在此不再赘述。

秀出藏品

在 Mask Network 秀出藏品

1．Mask Network 的起源

互联网曾经是一个开源主义流行的去中心化世界——每个人都有最大的自由度去创新、创造和实验，每个人都是平等的。这种开拓和冒险的文化催生了互联网时代的到来，在之后，发展迅速的百度、腾讯、阿里巴巴、谷歌、亚马逊、脸书、苹果、推特等互联网公司在人们的日常生活中占据了主导地位。然而，随着科技巨头们越来越强大，拥有的资源越来越丰富，以及大数据技术的发展，个人隐私的安全性和自由一度面临巨大挑战。根据我们在网上的经历，互联网巨头可以给我们排名和赋予标签，现实世界的结构性不平等也能被带到虚拟世界中（如由资本包装的所谓网红以及网络上有迷惑性的虚假新闻）。因此，互联网也变得更加中心化。似乎随着互联网的发展，网络的自主权和话语权逐渐从个人手中转移到互联网巨头手中。

在当前版本的互联网上，众多大型互联网科技公司占主导地位。事实上，网民可能不得不放弃对互联网选择的自主权，想象一下，网民的所有网络身份、言论、行为一定能够被某个互联网巨头

所拥有并被聚合成标签，进而网民将面临信息茧房、个人隐私泄露等情况。

许多人想通过建立新的秩序来重新获得网络自主权。正如当前大家所期望的那样，Mask Network正是一个致力于去中心化的新兴技术平台。Mask Network的目标并不是创建一个新的互联网平台（那将导致历史的重演），而是希望在Web2.0和新兴的Web3.0之间架起桥梁，让公众能够在当前主流平台上有更好的体验，而不需要使用任何API或者是集中式服务器。

2．Mask Network 概述

什么是Mask Network？借用它的宣传标语：Mask Network是桥梁，Mask Network是基础，Mask Network是模因。

Mask Network是一个通往新的、开放性的互联网的门户。有了Mask Network，用户可以发送加密的帖子给朋友，参与加密货币抽奖，并在已经使用的社交平台上共享加密文件及NFT。

全球约90%的互联网用户是社交网络用户。社交网络已经成为必不可少的基础设施。但社交网络中出现了很多问题。比如，社交网络几乎不能进行跨境支付，没有永久存储文件的空间，没有真正的安全加密。与当前互联网上的科技巨头直接竞争似乎是不可能的，可是如果能创造出人们真正想要的东西，解决人们的问题呢？

有没有可以解决所有这些问题的方案呢？

点对点网络区块链的兴起，包括分散式存储、Web 3.0，是解决问题的希望。Mask Network就是希望将它们组合在一起，为普通用户提供一个全新的互联网。

3．Mask Network 发展

在过去的一年里，Mask Network已经在推特上推出了许多有意义的功能性小应用，用户可以发送加密消息、永久存储文件、显示NFT，以及进行加密支付。在金融方面，用户在推特上检查代币信息和价格，直接使用真实货币交易加密货币，以及参与公开发行加密货币，所有这些功能都仅仅使用非常轻巧的Chrome浏览器扩展组件就可以实现，而无须离开推特。

在未来，Mask Network将继续丰富Applet产品以满足用户的需求。付费解锁将打开一个巨大的加密数字艺术品（NFT）市场。这种机制为推特、脸书和其他社交媒体上的免费在线商务提供了坚实的基础。

4．如何在 Mask Network 秀出藏品

Mask Network的目标是创建一个去中心化的应用生态系统，为成千上万的用户搭建Web 2.0和Web 3.0之间的桥梁，以帮助它们实现无缝过渡。NFT是Web 3.0的前沿技术之一。Mask Network购买了一个CryptoPunk（＃6128）和两个Loot Bags（＃3870和#7405），并使它们具有MaskDAO的属性。正如之前所说的，NFT之所以有价值，就是因为它的独有性。用户可以在区块链上跟踪单个数字资产的所有权，而区块链是一个由服务器支持的不可变且分散的数据库，没有两个NFT是相同的，每个NFT都是独有的，这提升了它作为稀有物品被收藏的价值。

此外，还有其他一些项目也在朝着类似的方向发展，比如apps/extensions。而Mask Network并不认为它们是竞争对手，而是

希望与这些项目合作，创造一个生态系统来吸引更多的用户参与。Mask Network旨在为每个用户提供更好的基础设施。这也是Mask Network不断向其他项目提供巨额资金支持的原因——希望它们能够共同开发，为Web 3.0构建一个更好的生态系统。

Mask Network在2021年8月10日引入了NFT Gallery功能。NFT Gallery可以识别用户的推特用户名或配置文件名中的ENS地址/ETH地址，并显示该地址中所有的NFT。Mask Network可以更接近于启用NFT Avatar（个性化NFT头像），NFT Avatar放大了用户数字身份NFT的社会属性，通过验证其真实性来证明用户NFT的真正价值。

在Mask Network的愿景下，它相信NFT Avatar（个性化NFT头像）将成为用户进入元宇宙的一个全新入口。它将不断更新，以确保自己建造的桥梁易于用户使用。它希望让更多的用户参与进来，体验一种全新的数字表现形式，并发现数字身份在Web 3.0世界中的真正含义。

截至2022年年初，Mask Network团队仍然面临着NFT Avatar显示的某些限制，目前该项目仅支持以太坊网络上的NFT。

在 Cryptovoxels 秀出藏品

1．Cryptovoxels 概述

Cryptovoxels是一个很酷的区块链元宇宙项目。当今，开发人员使用区块链技术能够像创建元宇宙一样改变虚拟现实生活。从构建自定义空间，支持虚拟现实到加密货币推动的完整的功能经济，元宇宙拥有的所有元素，使用户的虚拟体验更身临其境。当下区块链元宇宙项目发展迅速，出现了许多非常热门的项目，

如Decentraland和Sandbox。Cryptovoxels也是区块链元宇宙项目之一，可以与上面那些热门项目相媲美。

Cryptovoxels是一个基于以太坊的虚拟现实世界，用户可以在这里建造任何东西，如建筑、公园、艺术画廊等，购买和出售虚拟地块，或只是探索区块链元宇宙，与其他人互动。

我们可以将Cryptovoxels视为《我的世界》和*Roblox*等开放式世界电子游戏的区块链或者去中心化的版本，但带有NFT的附加功能，用户可以自由交易元宇宙资产。

Cryptovoxels的所有虚拟地块在其推出的两年内被拍卖完，这一事实表明了这个区块链元宇宙的受欢迎程度。

Cryptovoxels 界面

2．Cryptovoxels 介绍

Cryptovoxels是一个建立在以太坊之上的虚拟现实世界。用户可以把Cryptovoxels看作一个3D的真实世界。这个区块链元宇宙由Ben Nolan创立的新西兰公司Nolan Consulting Limited于2018年5月创建。

Cryptovoxels的领地被称为起源城。在这个城市中，用户可以创建虚拟人物，建立商店或任何其他基础设施，使用NFT创建艺术画廊，购买和出售虚拟财产，或者探索这个虚拟世界并与其他人互动。除了构建块之外，用户还可以添加数字文本、软件定义（SD）文本、图像、GIF、音频文件、vox文件和程序脚本。Cryptovoxels团队也在致力于在将来增加视频流数据。

Cryptovoxels区块链元宇宙的基本构建块是"voxel"，它本质上是一个在这个虚拟世界中占据一定空间的3D方块。其他主要的建筑单元是街道和地块。街道归Cryptovoxels平台所有，而地块则公开出售。

用户可以使用ETH在OpenSea上购买地块。一旦用户通过OpenSea购买了一个地块，用户就可以开始构建自己的虚拟基础设施了。用户不需要编码技能，只需放置方块并构建。即使用户不希望在Cryptovoxels中构建任何东西，用户也可以去探索这个虚拟世界。

最强大的功能是，Cryptovoxels与VR技术是兼容的。它兼容Oculus Quest、Oculus Rift和HTC Vive等设备，支持VR设备为探索Cryptovoxels增加了身临其境的体验。

3．如何创建 Cryptovoxels

要创建Cryptovoxels基础设施，用户不需要安装任何应用程序来创建图形体素（voxel），一切都可以通过浏览器直接完成。当用户登录到Cryptovoxels区块链元宇宙时，就可以开始在其购买的土地上执行构建。按<Tab>键，用户就会看到他的构建器面板上的所有选项和控件，从而可以开始构建自定义空间。

在构建时，用户可以通过将voxel拖动到自己希望覆盖的区域来水平地堆叠。用户可以通过访问钻石面板来装饰，还可以把图像放在墙上，可以添加3D字母和音频文件。

4．如何在 Cryptovoxels 秀出藏品

Cryptovoxels元宇宙中的名称和化身被创建为NFT。用户可以通过支付以太坊区块链网络手续费来创建有效的名称，无须花费额外的费用。

有效名称的长度至少为3个字符，最大长度为24个字符。用户可以在名称中使用字母、数字（0~9）、连字符和下划线。

用户可以在Cryptovoxels中建造任何自己喜欢的东西——从艺术画廊到俱乐部。用户还可以参观别人建造的地块，这些地块往往建立在几个主题上，包括海滩、公园、俱乐部、画廊和音乐会等。

诸如音乐会之类的日常活动都是在这个区块链元宇宙中组织的。用户可以参加这些活动，与他人聊天，扩大自己的社交圈。

Cryptovoxels还提供可穿戴设备、限量版虚拟现实服装和装备，如一个被铸造的NFT帽子。在这里，用户可以购买可穿戴设备，使用定制头像。

Cryptovoxels已经成为去中心化网络中的首选NFT画廊，它允许用户通过构建他们的自定义基础设施，将他们的想象力带入虚拟生活。总体来说，Cryptovoxels已经成为加密数字创作者展示他们的NFT作品的主要平台。Cryptovoxels元宇宙的许多用户已经建立了自己的画廊，NFT创作者们可以放置他们的艺术品，吸引观众。

总而言之，Cryptovoxels是很有前途的区块链元宇宙项目之一，它允许用户建立他们的自定义虚拟空间，展示他们的NFT艺术品，以及组织各类活动。

在 Bigverse 秀出藏品

1．Bigverse 介绍

Bigverse是杭州元宇宙科技有限公司旗下品牌，成立于2021年9月27日。Bigverse旨在提供一个"开放、有趣、有思想、有灵魂"的创意分享空间。Bigverse旗下拥有NFT中国加密数字艺术交易平台、元宇宙NFT画廊以及元宇宙拍卖行。

2．在 Bigverse 秀出藏品

在Bigverse中用户可以用多种方式秀出自己的加密数字艺术藏品，包括通过AR、VR以及元宇宙空间秀出艺术藏品。

通过AR秀出藏品：

用户只需在藏品页面单击下方的"AR体验"按钮即可开始体验AR秀出藏品，使用简单，无须其他多余操作。AR展示需要用到摄像头功能来将加密数字艺术品和现实结合起来，用户可以将加密数字艺术品放置在摄像头拍到的任何地点，形成虚实结合的艺术效果。

通过VR秀出藏品：

Bigverse AR 展览体验入口　　Bigverse AR 体验实例

用户也可以通过VR秀出藏品。用户只需单击NFT中国网站上的Bigverse图标即可进入Bigverse展区的VR世界。

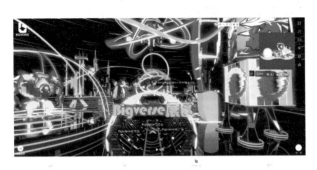

Bigverse VR 展区入口

展区分为几个场景，用户可以选择自己喜欢的场景进行VR参观或VR数字藏品展示。在展区中用户可以展示自己的数字藏品并配文字说明。VR展区可以使用户仿佛置身于数字世界中，通过视觉、听觉的感官体验使用户身临其境地体验和感受加密数字艺术藏品的独特魅力。通过将自己的艺术品展出，用户可以获得美的体验，也可以邀请朋友们进入BigverseVR世界一起欣赏自己的藏品，还可以通过展出自己的藏品吸引流量提升加密数字藏品的价值。

Bigverse VR 展览实例

Bigverse 星空展区展示数字藏品

用户可以通过元宇宙空间秀出艺术藏品：

Bigverse具有元宇宙空间，空间内有日夜交替，也有天气变化。在元宇宙空间中用户可以完成包括闲逛、照相、收租在内的多种操作。用户也可以在元宇宙空间中自由地购买和展示数字藏品。用户将藏品展出在元宇宙空间，同时可以邀请朋友们一起进入Bigverse元宇宙的世界，一起欣赏自己的艺术收藏。

Bigverse 元宇宙空间

在 Oncyber 秀出藏品

1. Oncyber 介绍

Oncyber以为创作者和收藏家提供 NFT画廊引起了广泛的关

注。每天都有越来越多的人参与到 NFT 领域。NFT领域吸引了包括摄影、音乐、绘画在内的所有艺术领域的艺术家以及收藏家的注意力，还包括大量的技术爱好者。在加密艺术领域，用户有多种方法可以展示自己的NFT藏品，OpenSea、Foundation 等为用户提供了一个向世界分享和交易精美数字藏品的平台。Oncyber则告诉大家还有另一种方法可以以直观而奇特的方式向公众展示它们——建立NFT艺术画廊。

Oncyber是一个专门用于展示用户 NFT藏品的平台，为艺术家和收藏家免费提供了在完全沉浸式环境中展示非传统作品的最快、最方便的方法。Oncyber 欢迎任何人创建自己的账户，欢迎收藏家来探索，也欢迎艺术家来建立自己的空间。要展示自己的 NFT，用户首先需要连接以太坊钱包，然后选择用户空间。用户有四种类型的空间可选择：自由、策划、工厂、收藏品。

Oncyber 自由空间

用户可以在自由空间中轻松地展示自己最喜欢的 NFT作品。用户可以给画廊一个标题、描述，也可以为它创建一个漂亮的横幅。如果用户选择策划、工厂或收藏品空间，则必须购买对应空间的NFT，这是因为这其中许多空间都是由精选建筑师设计的，并且已铸造成限量版NFT，这些选定的建筑师包括RTFTK、Arqui9和494Jax等。除了这些可出售的特别空间之外，用户还可以组合多个空间。一个例子是将 RTFKT LOOT pad 与 Space Pod 结合使用，这要求用户同时拥有两者的NFT作品。

Oncyber 的目标是开放平台，让任何人都可以创建自己的虚拟空间。一旦用户拥有了自己的空间，它实际上就像连接用户选择的加密货币钱包一样简单，选择用户想要展示的 NFT，然后免费与全世界分享链接。

2．如何在 Oncyber 上秀出藏品

要在Oncyber创建一个NFT画廊，首先，用户应该有一个 NFT 作品，用户可以通过创作或买入的方法获取。用户只需双击即可导入资产，只需一分钟时间就可以连接以太坊钱包并开始获取可放入用户空间的资产。Oncyber 提供了多种可供选择的图库模板。用户单击自己的 NFT作品即可开始创建自己的画廊。

Oncyber 画廊

　　将NFT作品挂在用户空间的墙上时，用户可以根据需要调整其大小，甚至可以更改NFT作品所在框架的颜色。另外，如果用户的NFT作品有声音，用户可以选择是否让声音可听，并调整声音范围。这些小改动让用户可以根据自己的喜好个性化设计画廊。此外，用户还可以邀请合作者并与他人共享自己的空间来策划终极画廊。完全沉浸式的体验让用户可以根据自己的喜好，通过虚拟现实技术或3D方式展示NFT藏品。如果有人找到他们喜欢的作品，他们可以直接从用户的画廊进入列表并购买该作品。

Oncyber 空间

　　如果用户还没有加密数字钱包，则可以免费在线创建一个。在oncyber.io 网站的右侧，有四种不同类型的以太坊钱包供选择。用户只需要输入钱包地址即可访问自己的NFT；而oncyber无权访问用户钱包，也不对其执行任何操作。

　　借助 Cyber 3D Studio，用户可以在收藏栏中创建一个精选的NFT 虚拟展览。用户进入一个房间，从一件艺术品走到另一件艺术品，仔细参观自己感兴趣的作品。每个房间都是 3D 设计的，看起来很棒，这里没有视觉过载，没有混乱的体素景观。

用户在最初打开 Oncyber 网站时，会看到趋势列表。这使得探索策划的展览和寻找NFT藏品变得更容易。

每个展览都有一个唯一的 URL，用户可以在社交媒体中分享。而展览的创建者可以看到一些基本的访问统计数据。

用户如果想在 oncyber.io 上创建自己的展览，就需要连接自己的收藏栏以便能够向其中添加加密数字资产，用户可以通过连接钱包地址来做到这一点。

连接钱包后，用户就可以创建 NFT虚拟展览了。用户要做的第一件事是选择一个目的地（有免费目的地和用户必须"收集"的目的地）。然后，用户可以为自己的展览添加标题、横幅和其他描述性信息，以便访问者知道展览的内容。因为每个展览都代表了精选的艺术作品，所以邀请其他策展人参加展览是很好的选择。基于此，用户们可以在不同的藏品集合上进行协作。

在Oncyber上，将藏品放置到首选位置非常简单。用户选择其中一个预定义区域并选择要放置的 NFT藏品。如果用户有一个庞大的集合，可能需要一段时间来加载所有NFT藏品的缩略图，但这仅仅是需要处理大量数据而已，这是用户在任何平台上都会遇到的问题。

如果用户为墙上的正确位置选择了一件NFT藏品，那么用户可以稍微调整一下外观——移动它、缩放它或使用不同的框架。之后用户可以通过分享链接与他人分享NFT藏品。

在 Decentraland 秀出藏品

1．Decentraland 介绍

Decentraland 是一个由以太坊区块链驱动的去中心化虚拟现实平台。Decentraland 中有限的、可遍历的3D虚拟空间被称为Land，这是一种在以太坊智能合约中维护的NFT。在Decentraland中，土地被划分为由笛卡儿坐标（x，y）标识的众多地块，这些地块由社区成员永久拥有，并使用 Decentraland 的加密货币MANA购买。这使用户可以完全控制他们创建的环境和应用程序，范围从静态 3D 场景到更具交互性的应用程序或游戏。

一些地块会进一步组织成主题社区或地区。通过将地块组织成区域，社区可以创建具有共同兴趣和用途的共享空间。

2．如何在 Decentraland 上秀出藏品

用户可以在 Decentraland 场景中展示拥有的 2D NFT藏品，NFT藏品的图像和其他数据取自基于代币合约的API。OpenSea支持的任何NFT也可以展示在 Decentraland 的 NFT 图像相框中。

要在Decentraland中展示藏品，第一步先要添加NFT藏品。将NFTShape组件添加到虚拟场景中的一个物体，以在场景中显示2D标记。第二步，自定义相框。默认情况下，图像将拥有紫色背景，并拥有围绕其脉动发射纹理的框架。第三步，打开NFT界面，显示 NFT藏品的名称、所有者和描述的预构建 UI，并按照需求修改文本。

第七章

NFT 交易合规
与监管

相关法律法规

2021年是DeFi和元宇宙爆发之年，同时也是NFT迅速发展的一年。NFT是记录加密数字资产所有权的唯一数字标识。随着元宇宙概念的火热，NFT的市场规模也在飞速增长。截至2022年3月，全球最大的NFT交易平台OpenSea的交易总额为226.8亿美元，根据调研，NFT在2021年的使用率同比增长了1100倍，这一现象级的数据足以证明NFT的出圈与火爆。

从本质上来说，NFT是在区块链技术与应用细化发展下出现的一种扩展产物，是技术趋势下一种必然会出现的应用技术。区块链从1.0时代（比特币）发展到2.0时代（以太坊智能合约），目前已经进入3.0时代。NFT的概念源于2017年的一款区块链游戏"加密猫"。如同其诞生时的背景和初衷，NFT为解决版权问题提供了新思路——当一个作品被铸造成NFT上链之后，该作品便被赋予了一个无法被篡改的独特编码。这样，无论该作品被复制、传播了多少次，原作者始终都是这份作品的唯一所有者。

可见，与比特币等同质化代币不同，每个NFT都是独一无二、不可分割的，这也是NFT最重要的价值。因为有区块链技术的支持，所以即便旁人能下载、截取NFT作品，但NFT作品的持有者却能够通过数字证书追踪等方式来证明NFT的原始唯一性。NFT所有权的交易由于其技术的本质是基于区块链和加密货币，因此交易最终回归到区块链和区块链代币之上。在考察NFT的法律法规问题时，除了NFT本身的法规之外，同样需要重点考察区块链加密货币的法律法规监管政策。

区块链与加密货币相关法律法规

据不完全统计，截至2021年年底，全球范围内因区块链安全事件造成的损失超过200亿美元。区块链的安全问题成为阻碍区块链技术大规模应用的制约因素之一。其中，安全事故频发的受攻击面依次集中在业务层、合约层、共识层以及网络层，数字资产交易平台安全、智能合约安全、加密数字货币钱包安全以及矿池安全成为区块链核心安全问题。

国内目前关于区块链及安全的政策，主要集中在加密货币（法定数字货币、虚拟货币）以及虚拟货币的发行机制ICO（首次币发行）上，而对于区块链技术应用项目的政策目前多以宏观为主。

法定数字货币

法定数字货币是指由主权国家统一发行的、有国家信用支撑的法定货币，可代替传统纸币，本质上是一段加密数字。我国法定数字货币为DCEP。

2018年1月26日，《第一财经日报》发表的文章"关于央行数字货币的几点考虑"中提到了央行数字货币的一些重要设计理念。

我国央行数字货币采用双层投放体系，采用"中央银行—代理投放的商业机构"的双层投放模式。公众所持有的央行数字货币依然是央行负债，由央行信用担保，具有无限法偿性。

在双层投放体系安排下，我国的央行数字货币应以账户松耦合的方式投放，并坚持中心化的管理模式。

我国现阶段的央行数字货币设计注重的是M0替代，而不是M1、M2替代。

现阶段，M1和M2基于商业银行账户，已实现电子化或数字化，没有用数字货币再次数字化的必要。央行数字货币是对M0的替代，不应对其计付利息。这样既不会引发"金融脱媒"，也不会由此导致通胀预期，对现有货币体系、金融体系和实体经济运行产生大的冲击。同理，央行数字货币也应遵守现行所有关于现钞管理和反洗钱、反恐融资等相关规定。

央行数字货币是对M0的替代，具有无限法偿性，即承担了价值尺度、流通手段、支付手段和价值贮藏等职能。为保持无限法偿性的法律地位，央行数字货币也不应承担除货币应有的四个职能之外的其他社会与行政职能。

上述央行对于法定数字货币的规划思路，表明"法定数字货币和区块链其实并没有直接关系，甚至没有技术上的必然联系。区块链只是法定数字货币将来流通的一个可选手段"。基本可以得出结论：在目前区块链存在诸多局限的阶段，我国法定数字货币的发展并不依赖区块链技术。

ICO

ICO是区块链公司或去中心化组织发行初始虚拟货币，出售给参与者从而融得资金，用于项目开发的一种融资方式，是区块链项目的资产证券化。

ICO虚拟货币主要分为三类：支付手段类（用于购买商品或服务），应受反洗钱法规监管；资产类（代表资产），应受证券体系监管；服务功能类（通过区块链基础设施使用数字产品或服务的权利）。

目前国内对ICO采取强监管模式。央行数字货币研究专家在"数字加密代币ICO及其监管研究"中提到，未来在以下条件成熟的基础上，可以宽容对待ICO：①额度控制和白名单控制；②ICO融资计划管理；③对发行人施予持续、严格的信息披露要求，强调反欺诈和其他责任条款；④强化中介平台的作用；⑤加强国际合作监管、合作与协调。具体的解决路径是通过监管沙盒（Regulatory Sandbox），即通过进一步加强金融监管协调机制建设，将其提升到更有效的层次，在此框架下开展监管沙盒。

NFT 相关法律法规

不同于区块链与加密货币，目前我国对于NFT拍卖还没有严格的法律规定和条文，但NFT与同质化代币应用相同的技术基础，随着NFT市场逐渐扩大，区块链上层应用的推广和流行，长期的趋势是一定会有监管介入NFT的铸造、发行、交易流转。

NFT是生长于区块链和加密货币之上的产物，现阶段国内政策并未严禁区块链，借助区块链去中心化技术可以在很大程度上增强数字资产交易、流转的效率，加速数字资产化的趋势。以往，比如游戏玩家的装备、平台奖励的数字虚拟礼品等数字物品存储于中心化的游戏厂商的服务器中，玩家并不实际拥有它们，还面临着中心化厂商损毁、被盗、流入黑市交易等问题。借助区块链，开发者可以创造稀有的虚拟物品，并确保其稀缺性，用户也可以安全、可信地保存和交易自己的物品。

只要能够管控住非法集资、过度炒作、虚拟宣传等区块链和加密货币相关不合规的行为，通过发展的眼光来看问题，不论是从技术的本质，还是未来的趋势来看，NFT都有发展潜力。现阶段，NFT主要的展示形式是以艺术品为代表的线上虚拟财产来实现加密数字化确权与交易；长期来看，未来股票、私募股权等现实世界中的资产有可能会实现上链，随时能够实现流动性转化（需要符合本国政策），通过新兴的区块链等技术，实现实体经济从资产映射再到资产上链的过程，将承载更丰富的资产和社会价值。

现阶段大家广泛认可的有几大方面：

NFT可以广泛应用在知识产权领域，用以代表一幅画的创作者、歌曲的制作人与原唱者、专利提出者、影片的所有者，帮助每一个世界上具有特定唯一身份的事物进行区块链上的"版权登记"。

NFT也可以应用在实体资产上，例如房屋的产权，用于资产的流通；NFT还可以用来记录和证明身份，如身份证ID、电子学历证书、电子资格证等都可以以加密数字的形式在区块链上进行安全不可伪造的保存，防止被恶意人员滥用或篡改。

NFT可以用于解决金融行业的票据问题，不仅能够确权，还便于追踪；NFT还可以应用在交通行业上，如飞机票、高铁票等，用来标记不同的座位号。可以说，NFT是现阶段智能手机上二维码的进一步进化。

现阶段NFT发展面临的挑战：

随着NFT应用的爆发，一件NFT作品的价格可以高达几十万甚至上百万美元。但从现状来看，NFT的巨额成交传递出来的信号却并不算健康，虽然看起来NFT市场似乎进入了一个全面繁荣的时代，但全面繁荣的背后，投资者需要警惕"泡沫"。NFT相关活动必须符合政策法规要求。

目前在全球范围内，NFT实体商品属性仍难以界定，未来真正在元宇宙中发挥支撑经济体系作用的NFT虚拟商品也难以被定性。现阶段大多数NFT及其衍生品的本质还是一项侧重经济价值和金融属性的区块链技术。但若要长久发展，还需要重视其文化价值的打造和监管体系的构建。

在我国现行法律中，对于包括NFT在内的各种数字资产属于何种财产权利，目前也尚无定论。在本章之前也强调了，国内带有"虚拟货币"标签性质的商品，一定会处于强监管之下。2021年我国有关部门印发的文件均指出虚拟货币不具有与法定货币等同的法律地位，相关业务活动属于非法金融活动。金融机构和非银行支付机构不得为虚拟货币相关业务活动提供服务，以及要严厉打击涉虚拟货币犯罪活动。

NFT的交易必须符合《国务院关于清理整顿各类交易场所切实防范金融风险的决定》和《国务院办公厅关于清理整顿各类交易场所的实施意见》等规定。

综上所述，所有涉及区块链货币及其附属资产交易的项目，相关主体均需要对项目进行反欺诈、反操纵和安全性合规的审核，判定各平台的业务实质，谨防非法集资、虚假诈骗等金融安全问题。

给收藏者和从业者的提示

目前国内对于NFT的法律性质、交易方式、监督主体、监督方式等尚未发布文件和条例来明确。NFT也有可能被不法分子利用从而存在洗钱、过度炒作和金融产品化等风险。对于收藏者来说，一定要警惕NFT的金融骗局。现阶段NFT在我国市场的发展模式不同于海外市场的商业模式，国内市场更多的是发挥NFT数字确权的功能，强调NFT的无币化探索。

从技术层面结合市场来看，NFT的产业链包括基础设施层、项目创作层和衍生应用层。从业者可以在其中选择合适的方向进行深耕，收藏等相关方向的从业人员一定要遵守政策法规，不能越过红线。

收藏者

全球的NFT市场持续火爆，一方面NFT的交易价格不断刷新纪录，一张简单画像都能拍出几百万美元的天价；另一方面国际巨头企业争相入局，想在NFT行业内分一杯羹。这样的趋势使得原本相对小众的应用受到越来越多的从业者的关注，国内的NFT市场也在随着国际的热度不断发酵。正如前文所说，NFT作为一个新兴事物，在交易监管与市场合规等方面都存在一定程度上的空白，从业者需要着重注意以下几点。

1. 法律保护与合规风险

就现阶段NFT在国内可以看作是一种具有权利效益的凭证，

在数字化浪潮下，NFT可以是一种房屋产权、股票持有权或者其他某种权利的象征。但是对于NFT是否具有相对应的权利，从市场调研和NFT国内市场情况来看，很大一部分人不愿意接受这种象征权利。主要原因还是在于交易监管与市场合规性，一旦将NFT认定为物权，法律对NFT的认定和管控更加严格，而且一旦具备这种属性，一些文化类的NFT如数字唱片和艺术藏品将难以实现，因为所有者并不能拥有其版权。综上所述，NFT自身具有的法律性质目前来说在国内还存在许多争议。

在数字出版物与知识产权方面，各国的法律法规都有相当明确的规定和标准。在NFT领域，不同发行方的NFT各不相同，这使得NFT与数字出版物的界定相当模糊。从市场合规层面来说，是否承认发行的NFT合规，是否允许收藏者看中的NFT公开发售，目前来说还存在很大的争议。

法律不是万能的，甚至大多数情况下是滞后的。在区块链NFT行业内，技术的发展往往先于法律。目前来看，对于收藏者来说，看好的NFT很难被承认为数字出版物，从而受到相关法律法规的保护。

2．网络拍卖与合规问题

就现在的市场情况来说，绝大多数NFT的收藏者想要获得自己看中的NFT大概率要参与交易平台的网络拍卖。收藏者需要了解并明确参与拍卖的NFT及拍卖过程是否具有法律效力，是否合规；收藏者需要了解并明确如何利用现有政策法规充分保护自己的合法权益。对于NFT的网络拍卖和收购，收藏者应当首先了解国家对于网络拍卖的法律法规和政策条例，只有这样才能更加"安全"地参与其中。2016年8月2日，最高人民法院发布了《关于人民法院网络司法拍卖若干问题的规定》，明确规定了提供网络拍卖平台应当明确具备以下条件：

（一）具备全面展示司法拍卖信息的界面。

（二）具备本规定要求的信息公示、网上报名、竞价、结算等功能。

（三）具有信息共享、功能齐全、技术拓展等功能的独立系统。

（四）程序运作规范、系统安全高效、服务优质价廉。

（五）在全国具有较高的知名度和广泛的社会参与度。

有意向的收藏者应当密切关注国内的拍卖平台资质，目前来说，DeFi上的公链项目基本都不符合国内法规，因此，参与国外公链项目的拍卖场景的收藏者需要知道，自己参与的NFT拍卖并不受到国内法律法规的保护。

3．NFT 交易规避诈骗风险

收藏者也是消费者。消费者一定听说过甚至遭遇过诈骗。对于文化类产品，不同人对于其价值定义不同，背后有大资本大IP支撑的NFT就容易定价过高，使得产品本身的市场出售价格远高于产品本身的实际收藏价值。NFT的消费者应当注意这些乱象，对于传统传销套路煽动消费者的项目，需要大家保持警惕。此外，在区块链加密数字货币领域，还存在账户安全的风险，消费者应当注意自身钱包的安全性，防止黑客盗号和平台"偷NFT"的行为。

目前投资NFT有较多风险，消费者要保持冷静，量力而行，不要轻易全部投入。

4．NFT 交易的合规风险与解决途径

加密货币的境外境内流通一直存在洗钱的风险，对于NFT来说，反洗钱是NFT交易平台和收藏者应尽的法律责任和义务。就当下的政策来说，我国有关部门很重视反洗钱，不仅涉及传统的金融行业，而且会涉及NFT交易和交易平台。

NFT本身的性质使其可以被当作文化符号来看待，因此不可避免地产生价值虚高，导致不法分子试图参与其中洗钱。NFT铸造和交易的平台要做好客户服务工作，对用户要进行切实有效的实名核查，做好反洗钱工作。同时，交易平台也需要向相关网络管理部门提前报备，在相关法律法规框架下，推动行业发展，维护社会稳定。

5．NFT 与 ICO 的相关法律法规

前文已经提到2017年我国已经出台相关文件，对ICO进行了定性。从技术角度来说，NFT与ICO似乎可以看作一类，但是NFT本身具有不可分性质，不同于ICO可以等额分份，实际上ICO的法律风险会更大一些。而NFT本身只是一个数字藏品，在某种程度上能够促进文化产业的发展，自身金融属性也不强，那么作为商品流转的可能性相对较大。

根据中国互联网金融协会、中国银行业协会、中国证券业协会联合发起的《关于防范NFT相关金融风险的倡议》，NFT的未来监管走向可能是"去金融化"的。该倡议的主要内容：

一是坚持守正创新，赋能实体经济。践行科技向善理念，合理选择应用场景，规范应用区块链技术，发挥NFT在推动产业数字化、数字产业化方面的正面作用。确保NFT产品的价值有充分支

撑，引导消费者理性消费，防止价格虚高背离基本的价值规律。保护底层商品的知识产权，支持正版数字文创作品。真实、准确、完整披露NFT产品信息，保障消费者的知情权、选择权、公平交易权。

二是坚守行为底线，防范金融风险。坚决遏制NFT金融化证券化倾向，从严防范非法金融活动风险，自觉遵守以下行为规范。①不在NFT底层商品中包含证券、保险、信贷、贵金属等金融资产，变相发行交易金融产品。②不通过分割所有权或者批量创设等方式削弱NFT非同质化特征，变相开展代币发行融资（ICO）。③不为NFT交易提供集中交易（集中竞价、电子撮合、匿名交易、做市商等）、持续挂牌交易、标准化合约交易等服务，变相违规设立交易场所。④不以比特币、以太币、泰达币等虚拟货币作为NFT发行交易的计价和结算工具。⑤对发行、售卖、购买主体进行实名认证，妥善保存客户身份资料和发行交易记录，积极配合反洗钱工作。⑥不直接或间接投资NFT，不为投资NFT提供融资支持。

基础设施层从业者

从国内的宏观政策上来看，区块链技术本身是被鼓励支持的，而上层的加密货币等金融属性应用是必定处于监管政策之下的。因此对于想从事NFT底层区块链基础设施开发的人员来说，随着区块链技术的发展，就业缺口会一直存在，区块链行业的人才供需"错位"仍会持续，实用型复合人才缺口大，从业者专业技能薄弱是导致人才市场供不应求的主要原因。

区块链是综合性质的平台技术，因此从业者需要夯实相关专业基础，主要是扎实的计算机领域的基础知识，比如程序设计、操作系统、计算机体系架构、数据结构等。在此基础上，从业者可以根据自身条件来选择从业方向。目前区块链行业主要有以下方向。

1．区块链共识方向

需要从业者深耕去中心化分布式系统原理，能够独立编写共识算法，实现分布式网络下的共识机制。用户自己的NFT能否被系统所认可，能否具有全网独一无二的价值，都依赖于共识机制，可以说区块链共识是NFT的价值体现的基石。

共识算法是一种允许区块链节点在分布式环境中协调关系达成一致的算法。它需要确保系统中的所有代理对单一事实来源能够最终达成一致意见。也就是说，系统必须具有良好的鲁棒性和容错性。在当前Web2.0的中心化设施当中，服务商的控制权凌驾于用户之上，从技术角度看，服务商甚至可以任意篡改用户数据账本。多数情况下，由于没有创建条例详尽的治理系统，无法使众多管理员达成共识，所以系统存在被篡改的风险。

在区块链去中心化分布式账本中，呈现出了与Web2.0完全不一样的景象。在区块链环境下，系统节点均被记录在分布式账本当中。系统用户都维护着同一份数据库副本。

在如今的Web3.0浪潮下，共识算法俨然成了加密货币系统和区块链的基础，它能够允许开发者在分布式网络上运行智能合约代码并达成全网一致。共识算法是区块链系统稳定运行的基石，对现有各种网络的长期生存能力具有至关重要的作用。2021年，应用新的共识算法的区块链项目逐渐开花结果，资金体量不断翻倍。区块链共识算法的相关岗位也会随着Web3.0的发展而变得炙手可热。

2．密码学方向

需要从业者钻研密码学理论和应用技术，全面了解零知识证明（Zero-Knowledge Proof）、多方安全计算等在Web3.0背景下的场景契合技术。现在区块链生态当中最火爆的密码学技术就是零知识证明。2022年年初，兼容零知识证明的虚拟机已经推出，零知识证明技术不仅充分应用于Rollup方向，而且在隐私保护领域也至关重要。

早在20世纪80年代，学术界就已经提出了零知识证明相关概念，可以说零知识证明是现代密码学研究的热点，也是构成现代密码学的重要元素之一。通过密码学运算在隐私性和可验证性之间搭建起了一座桥梁，举例而言，假设 P 为NFT平台机构，V 为政府监管部门，w 为涉及用户NFT相关的隐私数据，f 为交易是否合规的验证程序，x 为公开数据，y 为是否合规的结果，那么零知识证明将保证金融机构在不透露用户隐私的情况下，向相关监管部门证明其涉及的用户交易是合规的。具体原理：NFT证明者（NFT平台机构）P 能在不透露 w 的情况下，向验证者（政府监管部门）V 发送一个证明（Proof），证明 P 知道一个 w，使得给定公开输入 x、公开输出 y 以及程序 f，满足 $f(x, w) = y$。

正是由于零知识证明的密码学方案精巧独特的性质，所以它被广泛应用于区块链系统中，为NFT的生态提供底层的技术支撑。因此，对于密码学领域精通的NFT从业者可以参与到底层基础设施的建设当中，来增强区块链的隐私保护、增加链上NFT生态的吞吐量。

增强隐私保护。区块链去中心化账本的特性，使得链上交易数据（保存在区块当中）公开可见，所以各种NFT的交易数据容易被提取、分析，导致隐私泄露甚至被矿工或者黑客恶意攻击，现阶段NFT拍卖被抢跑或者交易被三明治攻击都经常出现，十分不利于NFT生态的健康发展。这是业界认为区块链缺乏隐私保护机制的原因。而经过零知识证明强化之后，区块链系统中的NFT用户就可以将相关的链接关系以及交易金额、拍卖等信息隐藏起来，并能让区块链矿工验证交易的正确性，从而达到隐私保护的目的。目前，零知识证明已被广泛应用在各种隐私保护区块链中。

　　增加吞吐量。除了隐私问题，区块链的低TPS也是业界饱受诟病的一点。例如随着以太坊上 DeFi 应用的兴起，以太坊交易数量猛增并造成拥堵，用户的交易迟迟不能被矿工打包上链，导致产生极高的交易费用，甚至会出现用户交易NFT的价格本身低于支付这一笔交易的区块链网络手续费用的情况。运用零知识证明技术，在一段时间间隔内，参与NFT事务的用户可以先将相关交易发送给交易聚合节点，然后聚合节点再生成关于大量交易都是有效的零知识证明，并把对应的证明发送至智能合约并由矿工们进行验证，从而节省矿工对大量交易进行重新计算的开销，极大降低被聚合交易的交易费用。这种技术被称为 zk-Rollup，目前有很多项目都在进行相关的开发，例如 zkSync，zkSwap。

3．去中心化金融 DeFi 方向

　　2021年DeFi的火爆，带动了NFT的飞速发展。随着DeFi的流行，越来越多的人开始认识到，智能合约可以替代传统的贷款或银行存款，甚至在NFT领域可以替代一些传统的拍卖行。这对于DeFi的从业者来说无疑是一大利好，从技术和未来的发展来说，DeFi对比传统行业主要有三大优势：①数字资产的发展是大势所趋，国家

也在积极推动数字人民币的发展。②去中心化，在NFT世界中降低成本和去垄断一直是NFT行业甚至是金融行业的发展目标。③区块链技术的发展会丰富链上NFT的合约开发，扩充原有生态领域。

项目创作层从业者

国内NFT的生态想要可持续健康发展，就需要侧重于项目创作的从业者们重视NFT文化价值的打造。NFT社区文化素养不仅需要从事创作的艺术家们的推动，也需要收藏家们加强艺术素养。

由于区块链NFT市场的低门槛特性，如今的NFT艺术市场可谓是鱼龙混杂，如果艺术品文化价值与经济价值的天平严重倾斜，则整个市场就会存在一些商业隐患。有些人甚至认为整个NFT市场的狂热是被投机者炒作的。客观来说，NFT市场确实存在良莠不齐的现象，甚至该现象非常明显，创作者追求标新立异，收藏者盲目跟风，这些乱象屡见不鲜。从艺术视角来看，NFT的作品水平还需要不断提高。无论是哪一种艺术品，其文化价值需要囊括审美、精神、社会、历史、象征、真实这六个方面的意义。因此需要国内NFT项目从业者提高自身水平，提升国内NFT圈的文化素养，带动NFT的可持续发展。

艺术创作者们不仅要适应新的创作方式并做出相应的改变，还要保证能够坚持其固有的艺术水平。在法律法规和监管政策认可的范围内，创作者们可以结合当前的计算机前沿技术（例如AI），合法合规地进行艺术创作。

创作者们可以利用系统计算资源，进行AI训练与艺术创作，自定义算法并在系统中运行，用AI造物，通过算法生成独一无二的艺术成果。例如通过机器学习算法不断训练一只蝴蝶的形状外观，同时能选择性地将中间状态的训练成果记录下来（同时记录工作量证明），从中选择合适的艺术品。在加密数字艺术领域，不受空间和物质的限制，通过AI和算法，加速创作者的思考和创作，放大其感知，

算法训练计算视觉成果产物

并将算法训练的成果上链做到唯一性，类似于扩展版的NFT。

创作者可以将结果选择性地上链，用户则可以打赏甚至是付费购买所有权。要注意，在创作、发布、售卖过程当中一定不能越过法律法规的红线。基于Web3.0的特性，加密数字艺术品创作、流通过程中没有平台克扣收益，能够最大限度地激发创作者的热情并提高从业者的艺术生产力。

创作者的开放版权

BAYC和Pak无疑都是受益于开放版权的非常成功的案例，我国也有创作者因开放版权而爆红。一位创作者的名字叫王小白，他以算法生成创作了3125张图片，其系列作品名为"CryptoFunk"，意在致敬"CryptoPunk"。

该创作者在2022年2月末开放了加密数字艺术作品许可，允许任何人在持有作品的情况下进行商业活动。于是其二创作品以及相关周边（衣服、鞋帽、手办、游戏等）开始火爆，并且有很多知名IP开始与之联动。

CryptoFunk 二创作品

CryptoFunk 二创游戏

王小白自始至终都没有露面，像中本聪、Pak一样，给大众留下了一个谜。

小结

元宇宙和NFT的发展尚处于起步阶段。元宇宙可以推动数字化发展，是推动社会经济往更高层次进步的新空间，将促进数字经济与实体经济实现更深层次的融合。

NFT的发展需要政策鼓励引导，需要有更多的技术创新和现实结合点。NFT如果能够脱虚向实顺应国家发展潮流，可以有进一步的发展甚至是颠覆传统行业的生态；如果停滞不前而陷在虚拟资产属性中，则没有任何实际意义，热度过后自然就消寂了。因此，相关部门在对非法投机炒作保持严厉打击的同时，肯定会用辩证的眼光，认真审视区块链技术及元宇宙的创新驱动作用，为真正的创新提供包容的环境，使其服务于人民的美好生活。

在国内的大环境下，从业者们首先需要考虑的问题是所从事的方向是否符合广大人民的根本利益，是否有利于社会的稳健发展。国计民生和金融稳定是政府有关部门密切关心的。只要能顺应潮流，把握住大方向，相信NFT的相关从业者都可以在国内的监管合规的市场大环境下获得属于自己的奖励。

第八章

NFT 市场
展望

自从数字艺术家 Beeple 在2021年 3 月以约 6934 万美元的价格卖出了他的作品后，围绕加密数字艺术的商业市场在世界范围内迎来它的高光时刻。

在艺术家凯文·麦考伊创作的首件 NFT 作品于 2014 年问世后，这一领域直到近几年才打破沉寂。如于 2018 年推出的 NFT 交易平台OpenSea，它的出现促使更多人走进加密数字艺术品的交易当中。而据《福布斯》杂志报道，2021年，该平台的交易额已达到230 亿美元。

在国内，NFT 加密数字艺术品市场也因众多新参与者和项目的加入而逐渐火热。我国在2021年宣布全面禁止加密货币交易和挖矿行为。不过，国内也接受了一些可控的区块链技术（如数字人民币），并鼓励这些技术能在更多领域得到发展。目前，在国内除投机和二级市场交易之外的常规 NFT 形式是合规的。

当然，在这一背景下，NFT 会更多地被视为是区块链技术的衍生品，而不是一种可交易的资产。现阶段，阿里巴巴、腾讯、京东等互联网巨头已经打造了自己的平台或服务。于此，用户可以购买和收集加密数字物品，但不能再交易或转售。值得一提的是，在大多数平台巨头的词典中，NFT 这个词语似乎出现的频率并不高，"数字藏品"成为最为常见的代称。

尽管当前国内NFT交易平台已经渐渐地摸索出了一套适合国内政策和技术环境下的、合法合规的生存方式，但NFT如果想要在国内取得更加长远的发展，不仅需要打造其本身的文化价值，在合法合规前提下，构建相应的市场监管体制和交易市场都是必不可少的。

下面我们将从以下几个角度，展望NFT市场未来的发展趋势。

我国 NFT 市场现状

不同于西方市场，NFT在进入我国市场后，概念逐渐"本土化"，大多是依托各家公司旗下的联盟链来发售，理论上无法在公链上交易。

因此，这些公司或者组织对交易平台是有掌控能力的。而这与海外的一众NFT交易平台形成了鲜明对比——后者则主要依托于公链：参与方没有管理权限，

支付宝联名敦煌美术研究所

参与其中也没有准入门槛，它们更多是一种去中心化的产物，如我们所熟知的以太坊或索拉纳。因此，可以看到，在遵守相应法律法规的前提下，国内的数字藏品项目与国际市场中的项目有着显著的风格差异。

2021年6月23日，支付宝联合敦煌美术研究所，在"蚂蚁链粉丝粒"支付宝小程序上全球限量发布了16000件名为"敦煌飞天"

和"九色鹿"的两款NFT皮肤；同年8月2日，腾讯紧随其后上线了NFT交易APP并取名为"幻核"，首期限量发行了300枚基于《十三邀》的有声黑胶唱片NFT，每件售价为人民币18元。

这三款NFT作品的发布，宣告了国内头部公司开始正式在NFT赛道上布局。

不过NFT在我国的发展遵循不同于海外市场的商业模式。2021年10月23日后，支付宝"蚂蚁链粉丝粒"和腾讯"幻核"上发售的NFT全部改名为"数字藏品"，这也标志着NFT的本土化从命名变化开始，从版权保护切入，发挥NFT数字产权证明功能，强调无币化NFT的探索。

阿里巴巴与腾讯的NFT布局较为一致，主要体现于四个方面：

（1）在底层技术方面。"幻核"的底层技术由腾讯参与的联盟链"至信链"提供，用户在实名认证后可获得一个基于该联盟链的地址。支付宝的NFT产品底层技术与"幻核"一致，均使用联盟链，且并非去中心化的。

（2）在IP授权方面。阿里巴巴与腾讯均邀请艺术家/创作者创作IP，而没有开放第三方创作权限，注册用户不能自行创作自己的NFT产品，不开放个人创作NFT产品上传。

（3）在二次交易方面。阿里巴巴与腾讯均强调创作者的版权问题，强调推出NFT是为了帮助创作者维护应有的权益，所以没有开放二次交易，仅支持个人收藏及使用功能。

（4）在交易过程方面。无论是阿里系还是腾讯系NFT，其所售卖的NFT作品均为复制品，可低成本地大量复制，无法体现NFT作品的稀缺性，这一点从根本上来说，没有解决传统艺术品的痛点。而且交易过程是单向的，用户从平台购买了NFT作品，虽然内容已经上链确权，但购买后无法交易流通，只拥有该加密数字作品在特定场所的使用权。因此，阿里巴巴和腾讯的NFT项目不具备增值的可能性，也无法形成流通闭环。

综合而言，阿里巴巴和腾讯推出的 NFT 产品在可交易性方面缺失且并非去中心化。对于阿里巴巴和

TME 数字藏品联合腾格尔发行的《天堂》25 周年纪念数字黑胶

腾讯这样的大平台来说，现阶段 NFT 产品的布局更多的意义在于战略布局和占领早期市场。

总体来说，当前我国的NFT市场有以下几个特点：

1）我国的NFT 大多建立在无币区块链上，使用人民币而非加密货币进行支付。

2）我国的NFT生态更像是一种企业布局，由国家层面发起并由企业级组织支持。目前，我们已经看到像蚂蚁链（阿里巴巴）和至信链（腾讯）这样的科技巨头建立的底层区块链，其中有部分采用Near 协议和Conflux作为底层区块链技术。

3）我国NFT空间是由个人创作者和影响者推动的，例如加密数字艺术策展人及加密数字艺术家。

4）我国的NFT价值收藏属性强于投资属性。

5）我国对于NFT市场的政策更倾向服务于实体经济。"实体经济+NFT数字存证"的跨界组合，有益于传统市场机制和生

态构建。

毫无疑问，NFT在我国的发展已经初具雏形，并将对新兴及现有的行业产生革命性和颠覆性的影响。当下，NFT有助于版权保护，但同时也面临着合规性和与商业模式契合度的考验。

NFT 的核心价值

NFT作为加密数字艺术有两个核心价值：第一，加密数字艺术是一项基于开放源码原则的创新；第二，加密数字艺术在很大程度上受到加密朋克文化的驱动。除此之外，我国NFT还拥有自己独特的价值核心，即数字内容资产化，推动内容资产价值的全面重估。

NFT在市场中主要有以下三个核心价值。

（1）解决版权保护痛点。版权保护与运营是 NFT 的核心使用场景之一，NFT 可被用来标记数字内容作品的所有权，比如图片、视频、博客、音乐、艺术品等。当数字内容作品有了价值标记物后，可让众多参与者加入进来，实现价值流通并形成价格。

当一个作品被铸造成 NFT 上链之后，这个作品便被赋予了一个无法被篡改的独特编码，以确保其唯一性与真实性。至此，NFT 让原先没有边际成本、可被无限复制的内容作品具有一定的稀缺性。

NFT 的唯一性、不可篡改等特性，为版权保护提供全新思路。一直以来，对于创作者而言，保护作品版权异常艰难。多数艺术创作能够被轻而易举地复制，但追究每一个侵权行为的难度大、成本高，这严重打击了创作者的积极性。

每个 NFT 都有一个唯一的ID编号，并可被区块链上的智能合约识别。这种独一无二的属性让 NFT 天然可成为记录和存储包括艺术品、游戏等数字产品所有权的理想选择。

（2）重塑资产流动性。将数字版权和相关作品上链，实现 IP 价值的流动性，同时将分成协议写入智能合约，可以实现在数字艺术品的转卖过程中享受分成收益。这提供了一种新的商业方式，有力地激发了数字艺术领域的创作活力。这种情况在海外平台中很常见。

（3）加速数字内容资产化。数字资产化，则是通过链上通证化，使原生于互联网的数字物品得到确权和保护。NFT 将加速数字内容资产化的趋势。虚拟物品的数字资产化将实现对数字艺术品的更好定价与流通，从而激发数字艺术等领域的创作，推动在线文娱行业更加繁荣。

未来展望

伴随着NFT市场持续升温，肉眼可见的是，其相关配套的上中下游产业链也逐渐完善。越来越多的企业频频布局NFT领域，足以证明这个市场的巨大空间和潜力。

头豹研究院的数据显示，2021年全球NFT市场规模已经超过400亿美元，以蚂蚁链的销售额以及全球NFT增长率为基础，可预测出我国NFT市场规模将在2026年达到295.2亿元。我国NFT行业未来潜力巨大。

NFT的出现为数字资产开辟了一种新的、独特的价值承载方式，它为数字资产打开了想象空间。

国内企业在NFT领域的试水表明NFT的价值正逐渐被认可。除游戏之外，NPA衍生品、股权证、门票等可能是NFT未来尝试的另一个方向。

2022年1月4日数字人民币的上线，有望为我国NFT的流通奠定交易基础。数字人民币以数字形式存在，依靠国家信用，具有高法律地位以及交易安全性，其自身具有价值，并支持双离线支付、具有交易可控匿名等特点，可降低银行现金管理成本，并实现对大额资金流动的监管。

无论是在我国还是全球，数字经济的发展已经是必然趋势，我国和世界上很多其他国家一样在致力于推动经济和社会的数字化转型。NFT是商品数字化的技术工具，是未来进行数字内容生产协作的解决方案，是形成健康的数据权益体系、让数据归用户所有的技术载体，在未来具有广泛的前景。

从当前的发展趋势来看，国内NFT行业的发展主要集中在项目创作层，例如文娱行业IP延伸、传统消费行业入局NFT，以及区块链游戏和元宇宙，NFT和其他实体产业场景的结合仍有不足，这可能会是未来的一个发展方向；此外，技术层面预计也将会有比较大的提升空间，包括算力平台、云计算等。

目前 NFT 市场饱受非议，其中缘由错综复杂，但处于发展初期的事物在引发争议的同时带来的正面影响同样不可忽视，作为"双刃剑"的 NFT 也应当得到国家和社会的包容。同时平台以及从业者应承担社会责任，使NFT朝着更利于人类社会发展的方向行进，使得行业生态健康发展。

总体来说，未来NFT行业发展有以下三个趋势。

1．传统消费企业入局 NFT 市场

越来越多传统消费领域企业拥抱NFT市场，利用NFT来营销。

奥迪基于新奥迪A8L 60 TFSIe的插电混动特质及经典设计元素再次创作，限量发行"幻想高速"（Fantasy Super Highway）系列5款NFT。

Louis：The Game

法国奢侈品牌路易威登（Louis Vuitton，LV）为庆祝创办人200周年诞辰，推出1款NFT游戏*Louis：The Game*，玩家通过游戏可以深入了解LV悠久的品牌故事，游戏还会向玩家发送LV与Beeple合作的限量版NFT。

2．区块链游戏和元宇宙领域将驱动未来 NFT 行业扩张

随着基础设施层侧链、Layer 2等扩容解决方案和去中心化可修复存储系统的技术突破，交易速度与交易成本对区块链游戏的限制大幅降低，区块链游戏和元宇宙的经济体系有了安全存储保障。

自2021年第三季度以来，以Axie Infinity为代表的游戏类别DAPP新增数量有明显的增加，市场对区块链游戏的需求也有所增加。2021年7月份区块链游戏领域活跃钱包数量环比增长121%，达80.4万个，2021年8月份进一步增长至88.3万个。

3．我国将建立健全 NFT 相关的交易规则

在我国，由于NFT的属性还没有定性，同时目前还缺乏相关部门及法规的监管和约束，因此NFT在我国的流通性暂且较差。

随着区块链技术的发展以及NFT市场规模的不断扩大，我国将逐步制定及完善相关法规来协助NFT行业在国内的发展。

创作者展望

数字藏品在国内的走红不仅唤起了新兴艺术范式的崛起，同时蕴含着蓬勃的商机。数字藏品为文创IP营销注入一种天然的粉丝效应，自带"种子用户"，给予粉丝更加近距离的参与感和获得感，也让艺术品更加触手可及，使其从加密朋克文化圈走入千家万户。同时，数字藏品带动了数字内容从资产化发行、版权确权保护、交易流通等上下游全价值链的重构。

估值定价的转变便是重要体现。艺术品将由平台主导型议价模式向"市场化"倾斜，即所谓"创作者经济"。从全世界范围内来看，头部NFT交易平台更注重活跃的用户氛围和独特的社区机制，例如 Foundation 采用创作者邀请入驻制，以保证平台藏品的高质量；SuperRare 焦点对准调动社区用户积极性，提高数字藏品供给质量。

创作者经济在一定程度上提高了内容创作者的地位，减少了中心化平台的抽佣分成。通过数字藏品内嵌的智能合约，创作者能从后续的流转中获得持续的版税收益。这在某种程度上分解了平台垄断，艺术行业的上下游分工更趋向于公平，创作者的话语权提升，人人皆可"出圈"，而不再是画廊独大、平台占重头，对构建健康的创作生态起到积极推进作用。

目前国内的NFT主要以个人艺术家的艺术创作为主，这些加密数字艺术作品是个人艺术家实体作品的数字复制版本或原生数字艺术创作，主要在阿里拍卖和NFT中国两个平台出售。团队创作的NFT项目只有百余款，但涉及的领域以及映射的数字内容形式较为多元。

阿里拍卖平台的数字藏品覆盖体育、电竞、潮玩等多个领域。在电竞领域，《英雄联盟》电竞俱乐部RNG发行RNG幻彩系列限定队员卡牌；在潮玩领域，发行了潮流滑板系列《浪潮》之铃兰，提供数字凭证兼实体滑板藏品，数字认证编码同时印刷在实体滑板上。

人人都可以创作 NFT

这个NFT刚刚爆发的时代，于创作者来说有非常多的可能性，这种可能性不单单存在于艺术行业，在音频、动画、视频、摄影等方面都存在，可以说是"万物皆可NFT"。

如果只是单纯地想生成一个属于自己的NFT作品，我们甚至不需要任何美术或计算机基础，只需要准备好一个加密数字钱包和想要上链的作品，选择可以发布的平台，将作品上传后，再支付一定的费用后就可以开始铸造了。但如果你想要自己的NFT作品有一定的经济价值，那就需要花些心思了。

提升 NFT 作品的经济价值

不同项目的价值捕获机制和捕获能力有很大区别。稀缺性、艺术水准、艺术家影响力、社区作用、叙事价值、经济模型等都属于价值捕获机制。而项目方团队的能力、影响力以及项目背后资本的作用则是项目价值捕获能力。

直白地说，提升NFT作品的经济价值，实际上就是提升其他人想要拥有这件作品的欲望。大部分NFT创作者和 Dorsey、Beeple 这些艺术家相比，远远没有名气，对于名不见经传的创作者或是首次交易NFT的卖家而言，想要通过售卖NFT赚取收益并不是一件容易的事情。

IP 打造

世界上没有完全相同的两片树叶，但叶子本身并不值钱。支撑NFT艺术稀缺性的根本在于现实世界中的名人、IP、品牌限量商品的稀缺性，再加上区块链对稀缺性的验证，二者融合拉高了NFT的稀缺感。

已经获得市场认可和具有行业影响力的NFT项目可以与大机构合作，借助它们成熟的市场运作策略，围绕项目进行持续的挖掘和打造，做综合性开发，与品牌联名、双方共同发布产品，进行跨界合作，如跨界服装、跨界潮牌、跨界游戏、跨界食品等。将自身项目打造成一个超级IP，实现价值的多次跃升。

音乐、影视、游戏等数字内容产业与NFT是天作之合，各IP方可以将自己的文娱IP延伸至NFT领域，凭借IP的影响力盈利的同时，也扩大自己的IP影响力。2021年8月7日美国漫画公司漫威与数字藏品平台 VeVe 合作，推出5款不同类型的蜘蛛侠NFT。2021年7月12日，网易

"NARAKA HERO" 系列 NFT 盲盒

旗下游戏《永劫无间》IP授权澳大利亚 NFT 发行商 MetaList Lab发行 "NARAKA HERO" 系列NFT盲盒，上线于币安 NFT 市场。音乐人胡彦斌将自己20年前珍藏的《和尚》未公开小样铸成限量2001份的20周年纪念黑胶NFT作为七夕节礼物送给粉丝。

　　但对于独立创作者们来说，这部分就稍显困难，创作者需要精心讲述属于自己的独特又有吸引力的故事。比如一幅普通的画，你可以把它介绍成"这是我18岁生日那天的作品，用来记录这美妙的一天"，这种故事性也许就会让其他用户在购买时觉得也购买了作画的那一瞬间，从而成功为其赋予经济价值。

作品信息

作品名称	毛绒星人主理人qitaxu放弃治疗系列
作品简介	作品疗效：嘿！越看越精神儿！
作品描述	在西班牙米拉之家的天台上和雕塑比谁更惊讶 🏛 谁更圆 😊

NFT CN 某作品的详细介绍

作品艺术

　　毕竟NFT被称为加密数字艺术品，因此想要长期可持续发展，创作者的作品还是不能脱离艺术本身。艺术品不仅要记录新的时代，还要使用新的技术、新的语言、新的手段去表达和再现我们生活的世界。当然这种艺术可以是多种多样的，可以是传统艺术，也可以是算法艺术、视觉艺术，当它们被应用在NFT中时，我们可以将其统称为加密数字艺术。

　　按照NFT的制作形式，加密数字艺术的创作可分为两种：一种由传统的物理形态通过拍照等形式做成数字版本，再上链做成NFT；另一种直接在线上用计算机完成创作，此后再上链制作NFT。

在选择自己的艺术风格后，创作者还需要确定适合自己风格的发行平台。有些是赛博朋克，有些是近现代艺术，有些是和某种流行文化结合，还有与视频技术、流媒体结合的艺术形式，选择合适的平台会大大提升作品成功的可能性。

媒体宣传

使用社交媒体推广NFT项目或艺术品也是提升经济价值中非常重要的一点。

一个很好的例子是GeeGazza，他在推特上推广了他的BAYC NFT，这使得Eminem购买了它。

创作者们可以在各大社交媒体平台上发布项目以及更新信息，以优惠、随机赠送或合作的方式来吸引其他潜在买家的关注，同时积极与点赞者、评论者互动，以表示对参与者的重视。

与有影响力的人或组织合作也是个不错的选择，他们可以帮助创作者们接触到更广阔的市场——一个由不同经济条件的人组成的市场。

InBetweeners NFT 项目就是一个很好的例子。该项目与贾斯汀·比伯合作。这种合作借助贾斯汀·比伯在社交平台上的1.142亿粉

贾斯汀·比伯在推特上宣传 InBetweeners NFT

丝的能量，其NFT已经售罄。向合作者提供独家商品或一定比例的收入分成通常是合作的最佳方式之一。

对前述的几种大火的 NFT 项目及类似的项目进行总结，能够发现一些规律。

当然，总结归纳的成功因素并不能穷尽一切成功的秘诀，也不是放之四海皆准的金科玉律。最关键的在于，符合逻辑的判断和规律才具有持久的生命力。那么，从前述项目的总结中，不难发现 NFT 价值捕获来自以下几个方面。

（1）稀缺性。经济中关于稀缺性与价格的规律依然适用。无限供给的物品并不具备特别高的市场价值。CryptoPunks、BAYC、Art Blocks 以及很多头像类 NFT 都有固定数量，即使都属于同一系列，每一个 NFT 的特征和形态也各有差别，具有排他性，形成了独一无二的供给。

NFT 项目的价值来自可落地的应用场景，或者项目满足需求的能力。Axie Infinity 是一个非常典型的可落地的区块链游戏项目，既能满足用户游戏的需求，也可以通过 Play-to-Earn（边玩边赚）触及用户增加收益的痒点。Decentraland、The Sandbox 等元宇宙项目同样将游戏、创作、社交、沉浸式体验等融合在一起。NBA Top Shot 满足了 NBA 粉丝们搜集珍藏球场精彩瞬间的愿望。Art Blocks 满足了市场对生成艺术的收藏和鉴赏需求等。

（2）NFT 是新商业价值的代表。数字资产市场发展至今，数字身份、社区认同都得到长足发展。在这种环境下，数字资产代表的身份象征和社交属性成为一种新的商业价值，而 NFT 正是这种商业价值的一种标志。

首先，部分 NFT 已成为社交身份的一种象征，拥有很高的社交资本。

互联网从业者、独立分析师 Eugene Wei 在"社会地位即服务"（Status-as-a-Service）中提到：人类总是会寻找最高效的途径来将社交资本最大化。

而业内专家 Packy McCormick 提出，部分 NFT 拥有极高的社交资本。比如拥有一个CryptoPunks NFT已经变成了社交身份的象征。拥有者往往把自己社交媒体的头像更换成自己所拥有的CrytpoPunks头像，从而更容易获得数字资产投资界、收藏界的认同。

其次，NFT 具备身份辨识的作用，即在网络社区内更容易获得认同。

比如，随着 Crypto Punks 项目的成熟和影响力的扩大，其感知价值和价格也随之飙升，形成了一个独特的 NFT 精英群体，其NFT 成了一张高端投资者群体的通行证。

（3）优质社区能为 NFT 项目持续增加价值。优质社区能为NFT 价值共识提供坚实基础。与普通商品相比，NFT 的价值还依赖于关于该 NFT 的共识，这种共识来自社区群体。因此，特定NFT 一旦形成共识，社区力量会给予 NFT 正向反馈，社区成员往往既是投资者和收藏家，也是该 NFT 的推广者和支持者。相对于传统投资品或者藏品中单纯的买方，社区成员在支持该 NFT 方面更有信心、更具有黏性，不会轻易改弦易辙。

网络社区的互动也为价值加持，比如强大的互动社交功能（例如涂鸦板），紧密的社区互动推动着 BAYC 项目蓬勃发展。

菲律宾游戏公会 YGG 在推广 Axie Infinity 中，就发挥了非常重要的作用。

（4）实用性。Packy McCormick 认为，NFT 可作为投资标的，也可作为进入社群的门票。随着 NFT 渗透到更广泛的人群中，它将为其所有者带来更多的特权。比如，CryptoPunks 创造者 Lavar Labs 出品的 Meebits 系列 NFT，既是 3D 模型和动画，也可作为游戏中的角色。BAYC NFT的所有人对 NFT 完整的商业使用权，使得其可以使用它制作创意衍生作品。

（5）娱乐性。使用 NFT 来参加竞拍活动，既是一种投资，也是一种具有娱乐性的社交活动；一部分 NFT 已经开始利用其影响力开发娱乐项目。比如，Punk Comic 漫画公司正在创作以 16 个 CryptoPunks NFT为原型的漫画书，并且将会继续向 BAYC 延伸。

（6）文化和艺术价值。生成艺术NFT项目在艺术价值上得到多少认可取决于生成艺术 NFT 本身以及艺术家的影响力大小。同样，被赋予文化内涵的 NFT 更具价值。比如 CryptoPunks 作为朋克精神的一种象征而广受欢迎。另一个 NFT 项目 Pedgy Penguins 在很短时间内迅速崛起，则是由于模因文化的流行。

具备自洽的经济循环体系、DeFi 的搭建以及良好的创新能力，都能为 NFT 项目提供源源不断的价值动力。

比如，Axie Infinity 就拥有较为健康的经济模型设计，具有自洽的经济循环体系和元宇宙环境。

BAYC 拥有者可以免费领养一只 Club Dog NFT，可以参加寻宝活动等。

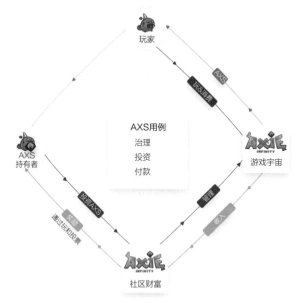

Axie Infinity 经济模型

　　DeFi 的搭建，增强了 NFT 的机制。以 CryptoPunks 为灵感的衍生 NFT 项目 Punks Comic，将 CryptoPunks NFT 变成一个个漫画角色。衍生品与原作相呼应，用更新鲜的玩法赋予原作更持久的生命力。

NFT 创作者的未来

　　从创作者的角度来看，NFT 最重要的优势之一是取消了中间人。如果你是音乐家，你把自己的歌曲上传到 Spotify，你只会一次性地收到 Spotify 支付的一部分钱，而 Spotify 作为中间人拥有你歌曲的版权，在未来几年里歌曲的大部分收益也许都会归其所有，它还可以选择以怎样的方式在它的平台上展示你的歌曲。

如果你创建了歌曲的NFT，那么就可以直接卖给你的忠实粉丝们。只需要为平台支付一定比例的佣金，而保留后续所有的收益。

这也意味着创作者可以在每次有人出售NFT时继续赚取其利润的一部分。例如，在未来的某个时候，粉丝可能会决定以盈利的方式出售你歌曲的NFT，你将保留转售利润的一部分，因为创作者可永远拥有作品版权，而在出售NFT时也不必放弃它。

不过需要强调的一点是，保护版权并不等于保护创作者。区块链自面世以来一直以可解决盗版、有助防伪溯源的面貌示人，但其中的NFT形式现在要考虑侵权问题了。

NFT侵权问题主要有以下三种形式。

（1）NFT作品之间的冲突。比如Binance Punks之于Crypto Punks，Bashmasks之于哈希面具，前者都是对后者的"模仿"，但是能否用时间、创作形式相似性来确认侵权行为？也就是说，作品的独属性不单纯是谁先谁后上链的技术问题，更有对独特性、艺术性等概念的争夺。

（2）NFT和现实作品之间的关系。比如NBA Top Shot出售的球员NFT版精彩时刻，如果被其购买者用于其他商品授权上，比如印制为T恤图案就可能被判定为侵权，但是如果没有展示权利那购买有何意义呢？

合理使用的范围不好界定，很有可能出现一管就死、一放就乱的极端境况，数字卡片有其实体，但是数字产品本身被复制太容易了。

（3）NFT盗版问题。比如推特CEO在将其推文铸造成NFT之后，市面上马上就出现了其他名人的NFT推文，有人在未经本人允许的情况下便将其推文铸造为NFT，如果我们假设名人本身可以再次铸造这条推文，那么何以为真、何以为假？

不过没必要因噎废食，NFT存在的版权问题更多会受现实世界的束缚，其描绘的对象还是经过现实世界验证的内容，比如为何有人要抢铸名人推文NFT，是因为这个人相信名人的推文会比普通人的推文有价值，而NFT在不同链上的"山寨版"，则说明我们没有建立起对具体NFT产品的共识，换句话说，我们还没学会如何欣赏加密艺术品的独特性，如果我们真正认同加密艺术品的独特性，那么其他模仿者自然无法建立起价值共识。

消费者展望

NFT 的出现，也给各个消费品牌带来与消费者互动、产生联系的新方式。

根据《2021年中国数字藏品（NFT）市场分析总结》，我国的NFT消费者以 18~30岁年龄段的青年人为主力，其中一部分为在校学生，没有收入来源，还有一部分消费者刚大学毕业，参加工作积累了一些存款。

不理性的消费者认为数字藏品（NFT）会和比特币一样，将会是下一个造富窗口，不管发售平台是不是合规发行，数字藏品能不能流通，数字藏品有无艺术价值，但凡发售数字藏品的平台，只要上新藏品他们就会冲动购买。据了解，有的消费者已经花费50多万元用于购买数字藏品，幻想二级交易市场开放后售出，一夜暴富。

总体来说，当前消费者购买NFT的理由无外乎有两类：一类是用于投资；另一类是对NFT内容的喜爱，看重收藏价值。

如果是第二类，消费者只需要注意交易平台是否合法，是否能够保证交易的交付完成，注意所有权的转移；如果是第一类，那就还需要消费者多加甄别，仔细选择NFT作品，避开炒作产品，而且要遵守相关国家的法律法规。

投资风险无法避免，就像再宽的河流也会有枯竭的时候。大平台的数字藏品价格通常都会比小平台的高一些，购买一些新的小平台的数字藏品，可以看作是风险投资，手里的藏品一旦火了那么价格就会水涨船高，但也不排除有些小平台会倒闭。

随着越来越多的资本、用户入场，无论是一级市场还是二级市场，都存在着巨大的泡沫。真正将数字藏品作为藏品的人始终是一部分，还有一部分收藏者期待将其作为投资物，这就容易形成一个隐形且巨大的泡沫，还伴随着法律风险。

试图进入NFT领域的消费者或投资人，首先应该明确自身进入该领域的目的。目的是喜欢并愿意去收藏NFT的相关藏品，是为了转手获利，还是为了支持自己喜欢的偶像或艺术家？消费者应该具有基本的理性消费意识，了解国家法律法规，不要盲目和冲动。

确定要进入市场的消费者们，首先需要区分的是投资和投机。巴菲特有一句名言："如果你是一个投资者，你应该关注资产的动向，如果你是投机者，你只会关注价格动向。

理解投资和投机的区别，是理解资本如何分配最重要的部分，也是最容易犯错的地方。许多人都觉得在NFT领域能挣快钱，其实只有极少数人能做到。投机高度依赖情绪和运气；而投资任何资产，都需要理解它的内在价值。对NFT来说，投资者可以投资三种内在价值：未来分红、功能性和文化属性。

这三种内在价值的范围从纯金融投资延伸到社交资本投资。最好的项目能够将三者结合，也就是用文化属性和功能性来增强未来分红的价值。

未来分红

具备未来分红潜力的NFT类似于股票。这类资产可以用传统股票的估值方法估值。

在国际市场中，NFT的未来分红形式分为三种：加密货币空投、利润分红和NFT空投。

加密货币空投：一些项目会给持有地址直接空投加密货币。另外一些加密货币空投没有底层资产价值，但具有使用价值。比如NFT项目Monkey Bet DAO空投的代币，其价值取决于有多少人使用它。

投资具有未来加密货币分红属性的NFT需要投资者预估未来分红资产的价值。具有蓝筹底层资产作为价值基础的NFT项目比仅有使用价值分红的NFT短期来说更容易估值。

利润分红：一种分红形式是将项目的利润分配到持有地址。比如歌曲和视频的NFT，对于未来的广告收入和抽成，持有者都有份。这种形式类似于股票投资。当然，歌迷和粉丝们往往愿意为自己的偶像付出高溢价。这种模式有一个显而易见的问题，就是这些NFT几乎肯定会被国家机构如SEC（美国证监会）认定为证券。这要求发行者和交易平台都严格合规，任何潜在问题都可能形成法律风险。

NFT空投：向持有地址分发新的NFT，而不是代币或者利润，这是最没有法律风险的方式。这种机制下，发行者要么空投新的NFT，要么允许持有者以低成本铸造新的NFT。最典型的代表当然是Bored Ape Yacht Club（BAYC）。目前，它已经完成了两次空投：Bored Ape Kennel Club（BAKC）和Bored Ape Chemistry Club（BACC）。BAKC空投的"狗"的地板价已经超过3.7ETH，而"变异猴"的地板价超过4ETH。即使你以10ETH购买了一个BAYC，空投就已经值回票价了。此外，如果被空投了稀有品种，那就如同中了乐透奖。最稀有的"变异猴"空投的地板价超过了350万美元。

空投的NFT究竟有多少价值？这是消费者需要思考的。

多数空投的NFT最重要的价值就是文化属性。而有强烈文化属性的NFT空投往往来自本来就具备很强文化属性的NFT平台。比如上面提到的BAYC。这是一种正向循环，商业上俗称"飞轮效应"。

除了文化属性，消费者还需要关注创作团队。创作团队是价值的终极创造者，可以是中心化和去中心化的。

中心化的创作团队比较明确，并且有着明晰的为持有者增值的唯一使命。投资中心化创作团队的项目，就是投资团队。

而去中心化创作团队更加注重网络社区。某些核心人物会起到领导和启发的作用，但整个项目的发展完全取决于网络社区接下来的行动。相比于中心化的创作团队，这种形式更像一种信仰。

总而言之，无论平台采用什么样的未来分红形式，明智的消费者都需要随时遵守自己的消费原则。

功能性

功能性表示持有NFT可以带来看得见、摸得着的好处。功能性不像文化属性那么虚无缥缈，也不像未来分红那么明晰。

功能性又分为两种：数字世界的功能和现实世界的功能。

数字世界的功能

持有者可以在虚拟数字世界享受排他性特权，比如游戏资产、会员资格甚至ENS的域名。

游戏资产大家都很熟悉了。比如游戏《堡垒之夜》的皮肤，游戏《GTA》里的汽车和武器，等等。但这些资产都存储在游戏服务器中，你无法在游戏之外兑现价值。

NFT能使游戏资产更好地融入互联网生态系统中，所有资产都可以跨区域证明所有权和可交易性。

NFT 游戏 *Crypto Raiders* 部分游戏角色

另外，像Decentraland和The Sandbox中的虚拟土地代表了另一类数字资产。你可以购买虚拟土地并建设它，用来展示自己的NFT收藏，甚至是做生意。

现实世界的功能

NFT也可以为持有者提供现实世界中的独家功能。这样的NFT一般由现实中具备品牌力的公司或者个人发行。

对现实世界功能性的投资比对虚拟世界功能性投资更难，这是因为现实世界功能性更多是针对长期收藏者的。投资者需要有对小众社区更深的理解，这比理解例如域名之类的虚拟功能性资产更难。未来对现实世界功能性的开发，会是NFT继续扩大受众规模的一个突破口。

文化属性

文化属性是无形的，所以它很难理性定价。事实上，NFT的价格越贵，往往越增强其文化属性。国外的CryptoPunks能卖出30万美元的地板价，正是因为它们已经变成了极具文化象征意义的NFT，而这个象征意义又很大程度上来自它们不断被推高的价格。越贵，谈论的人越多。

当你在投资文化属性强的NFT时，你肯定认为这个NFT的文化属性会继续增强。换句话说，只有当一个NFT的文化属性不断增强的时候，对它的需求才会更旺盛，其稀缺性才更强，价格也会随之上升。

文化属性有四个决定因素，即艺术家、审美、历史以及社区，这四个因素往往是互相关联的。

艺术家

伟大的艺术家都具备独特的审美，以及背后欣赏并且支持这种审美的群体。艺术家就是品牌，艺术家的名字就具备价值。

而艺术家又需要"赶时髦"。很多流行NFT艺术家之所以成功，很重要的原因是他们早于其他人进行了数字艺术和数字货币经济的探索。当他们的作品屡屡在NFT领域打破纪录的时候，他们的文化属性不断增强，对他们作品的需求也会不断增加。

当然，以太坊是NFT的主要创作平台，目前竞争非常激烈。而后来的艺术家也可以用不同的策略，选择其他平台，比如索拉纳和Tezos作为选择。Tezos上的艺术家jjjjjjjjjjjohn的作品，也能卖出很高的价格。

最近，生成艺术成为新的热点。生成艺术是艺术家通过算法而不是画笔自动完成的作品。Tyler Hobbs的Fidenza系列是最成功的生成艺术作品之一。Fidenza#151卖出了300多万美元的高价。

当你因为艺术家而做出消费决定的时候，你要么投资已经成名的"蓝筹"艺术家，要

Fidenza#151

么投资未被发现的不知名艺术家。投资后者就像做风险投资一样。

你投资"蓝筹"艺术家，是基于你认为这些艺术家的作品会继续增值。这个原理并不复杂，参考"林迪效应"，一个艺术家成名越久，他的作品保值甚至继续增值的可能性也就越大。

在NFT中，更是如此。"NFT一周，人间一年"是常有的事，传统艺术家需要几十年才能获得的地位，NFT艺术家可能只需要几个月。

而当你投资不知名艺术家的时候，你是在冒险。这种情况下，你更需要关注那些用创新方法创造有意义作品的艺术家。可能是新的平台，也可能是新的创作理念和流程。总之，创新的艺术家，更容易突然被挖掘。

审美

美的定义或许对于每个人都不一样，但美的价值却是统一的。美可以激起欣赏者的情绪反应，而这种反应蕴藏着无形的价值。

好的审美可以帮助艺术家增强文化属性，但是只靠审美很难做到这一点。艺术家还需要结合故事和品牌来创造持续增长的价值。

美的形式太多了。优雅是一种美、讽刺是一种美，甚至"丑"也可以被表达成一种美。即使个人认为那些猫狗和外星人的头像NFT都很丑，但这并不影响它们的成功。

重要的是，美是主观的。你需要跟随你自己的审美来选择作品。就像关注能源产业的股票投资者可能无法理解娱乐产业一样，你也无法理解你审美之外的美。所以，只需要关注你审美范围内的作品即可。

历史

NFT强大的一个重要原因是它具有作品从被创造到被交易的全记录。

因为区块链的历史短暂，所以那些几年前的NFT看起来已经像是古董了。NFT领域有很多"考古队"，专门挖掘这些早期的NFT。

CryptoPunks就是一个原始（OG）项目，除此之外，还有很多项目同样具有古董价值。Curio Cards是一副由30张卡片组成的作品，在2017年被创造出来，最稀有的一张卡片现在价值几十万美元。PixelMap，这个被创造于2016年的项目，最近被发掘出来。目前的价值也已经达到一万美元左右。

虽然这类项目历史意义很重大，但它们也很难挑战CryptoPunks或者BAYC的地位。因为它们的审美很一般，艺术家也不知名，网络社区力量更是很薄弱。

社区

社区（即网络社区）是文化属性中最重要的部分。艺术家、审美、历史等都可以作为激发社区生长的因素。但是没有社区，以上所有的因素都无法保证一个NFT的长久生命力。

社区有两种，组织型社区和松散型社区。

现在差不多每一个新的NFT项目的诞生都会伴随着一个新的组织型社区。所以，在投资文化属性时，提前看看项目的社区活跃度。好的项目往往有非常活跃的社区，就像Pixel Vault的Founder's DAO和Loot社区。

松散型社区更像是一种精英群体的互相认同。在推特、微信和其他平台上，NFT的拥有者自然会关注其他拥有者，合作信任成本也更低。

组织型社区的作用是激发文化属性的开端，而松散型社区则会巩固、强化和延续这样的文化属性。

当社区从自己的小众世界向大众场域突破的时候，就到了真正考验一个NFT项目的时刻。能经受住考验并出圈的项目会继续发展，不能的项目则会就此消沉。

在对上述内容都有所了解后，下一步就可以做出你的选择了。

NFT是昂贵的图片，更是真实的存在。在下一代互联网的进化中，NFT会扮演重要的基础角色。当然，光明的未来并不代表NFT市场不处于阶段性的泡沫期。从上文提到的几种投资思考框架来看，能提供未来分红的优秀NFT项目目前很少，能提供功能性的NFT项目相对更多一点，而潜力最大的则是能提供文化属性的NFT投资项目。

目前该领域确实存在一些乱象，消费者可能受骗，财产受到损失。因为对于文化类产品，不同人对于其价值的定义不同，可能存在较大价值偏差。所以在新文化类产品出现时，其本身就可能存在价格虚高的问题，加之炒作等现象存在，该文化类产品的价值就可能远超过其本身实际价值，进而可能会使意图购买的消费者受到较大的财产损失。

此外还可能存在传销这一违法行为。有一部分人会利用NFT这类新事物在社交平台等场所组织传销，以NFT为由头，通过在人员方面组成金字塔结构等典型传销套路，煽动消费者成为合伙人，将产品卖给下家，这需要警惕。

NFT作为以区块链技术为底层技术的应用，并不能保证自身未来一定前景光明。目前NFT投资尚存在较多风险，如法律风险、操作风险等，所以需谨慎、量力而行。

NFT无疑是一种好技术，未来有很广的应用空间，对于各家企业而言也可能成为业绩的增长点，但也要防止对其的应用"误入歧途"。现阶段我国企业基本依托自身联盟链，开始试水数字藏品的一级交易市场，但似乎并没有想好"怎么用"。

监管与法规展望

NFT是区块链技术和著作权的结合，在世界范围内都是新鲜事物。目前，大多数国家对此无明确的法律规定。NFT的铸造和流通不仅存在监管的问题，也可能涉及其他相关的法律问题。

金融监管风险

严格意义上来说，NFT作为非同质化的工具，很难和金融资产联系起来。尤其是，NFT对应的是一件独特的数字资产，比如图画、音乐等艺术品，其并不具有普通金融工具的流通属性，因而很难被视为金融工具。

但不可否认的是，NFT诞生至今从来不是"纯艺术"的，其产生和应用都有"金融"的烙印。NFT的铸造（请注意"铸造"这个词）本身就具有发行金融资产的意味，NFT的购买往往也与艺术品数字资产本身的价值脱离（更遑论该资产底层元素的某些权利），NFT的流通也并不关注数字资产的艺术属性。因此，我们很难说NFT与金融无关。

流通平台的监管

除可能的金融监管之外，NFT的铸造和流通可能涉及网络平台的监管。

其一，根据不同情况，可能需要取得增值电信业务经营许可证或者非经营性网站的备案。根据《互联网信息服务管理办法》的规定，从事经营性互联网信息服务，应当向省、自治区、直辖市电信管理机构或者国务院信息产业主管部门，申请办理互联网信息服务增值电信业务经营许可证。如果平台业务涉及铸造NFT和流通NFT的，需要取得该证。若平台以竞价拍卖的形式发售，还应当取得拍卖许可，或与取得拍卖许可的拍卖公司合作，才能进行拍卖活动。如果平台从事非经营性互联网信息服务（比如公益性质发行NFT），应当向省、自治区、直辖市电信管理机构或者国务院信息产业主管部门办理备案手续。

其二，区块链平台的登记。按照《区块链信息服务管理规定》要求，平台应进行备案登记。《区块链信息服务管理规定》规定，区块链信息服务提供者应当在提供服务之日起10个工作日内，履行备案手续，通过国家网信办区块链信息服务备案管理系统备案。由于NFT是基于区块链技术产生和运营的，因此需要取得区块链信息服务提供者的备案。

其三，根据NFT指向的数字资产，可能涉及"网络出版服务许可证""信息网络传播视听节目许可证"或"网络文化经营许可证"。虽然，NFT并不关注其所指向的数字资产的作品类型：无论是美术作品、音乐作品、影视作品或计算机游戏，其在数字环境中不过是一堆二进制代码，与NFT铸造的机制无关。但是，从法律意义上，数字资产上链后通过NFT发行，也应当被视为基于网络的传播。因此，严格来说，根据该数字资产的性质，相应的NFT铸造和流通平台可能需要取得网络出版物、视听节目或网络文化产品的平台经营资质。

法律法规政策

2013年至2021年，国家发展改革委等多个部门发布多项虚拟货币相关政策，例如《关于进一步防范和处置虚拟货币交易炒作风险的通知》《关于整治虚拟货币"挖矿"活动的通知》《关于进一步防范和处置虚拟货币交易炒作风险的通知》等，明确虚拟货币不具有与法定货币等同的法律地位，相关业务活动属于非法金融活动。

目前，虽然我国从政策上并未给出NFT具体的定义及适用法规，但2022年以来NFT迅速爆发的态势和疯狂生长的局面使得NFT合规化成为可能。目前，各机构和企业正在积极地建立NFT的相关标准。

NFT与同质化代币应用相同的技术基础，随着NFT应用的推广和流行，未来NFT的铸造、发行、销售、流转都会有监管的介入。

2021年9月，科技部下属中国技术市场协会标准化工作委员会联合多家产学研机构成立工作组，已共同开展《NFT平台与产品评测》团体标准研制、起草工作，旨在进一步探索知识产权领域的数字化转型与数字科技应用，尽快建立起一套适合我国国情、满足国内NFT行业长期健康发展需要的相关团体标准。加快NFT相关标准研制已成为行业共识。

2021年10月份，NFT行业首个自律公约发布。国家版权交易中心联盟牵头，中国美术学院、浙江省杭州互联网公证处、蚂蚁集团、京东科技、腾讯云等共同发布《数字文创行业自律公约》（以下简称《合约》），旨在强化行业自律，建立良性的数字文创行业发展生态，助力我国文创产业发展。

《公约》指出，要坚守区块链技术服务数字文创产业发展初心，为数字文创作品确权及流转提供创新解决方案，让创作者的作品能更好触达市场，促进原创文化行业繁荣发展。充分运用区块链技术保护链上数字文创作品版权，保护创作者合理权益。其中，抵制炒作是《公约》的重要共识。

《公约》的发布和实施，希望有更多的机构与社会力量参与数字文创行业的规范发展中来，共同为文化产业发展营造干净、公平、健康的发展环境。

在未来的监管以及法规的制定方面，一些潜在风险也应当引起相关行业部门重视：部分第三方支付提供分期付款等加杠杆服务，助长金融风险；买空卖空，采取连续竞价交易；一些大玩家可能存在囤积居奇、饥饿营销等问题。

对于这些可能的或者已经在市场上有苗头的"危机"，有以下三个解决方向：

一是保证交易的交付完成，注意所有权的转移。避免连续竞价交易，在没有拍卖资质的前提下不可进行拍卖。

二是取消信用卡交易，尽量不提供分期付款服务，降低藏品单价，防止出现高杠杆和泡沫问题。

三是防止暗箱操作。

对于诸如此类的问题，从NFT平台的角度来说，有以下几个应对方法：

一是平台在业务范围内须做到合规经营，符合监管要求，合规是经营之本。在没有监管政策之前，暂时不开设二级市场交易。随着NFT的不断发展，相关政策可能会随时出台，在监管政策出现之前，不能涉足NFT二级市场。

二是提高粉丝群体质量。作为市场的关键要素，较低的粉丝群体质量可以说对平台有着致命的影响，当然，提高粉丝群体质量并非就是将一些粉丝拒之门外，而是要进一步将增强粉丝黏性与"忠诚度"，从受众人群的角度考虑问题，让其能够从中获取福利，追求达到一种互利的共赢平衡状态，当粉丝能够与平台"共情"的时候，粉丝质量将不再是问题。

即便NFT市场面临诸多挑战，但消费者对数字藏品的热情依旧不减，甚至众多平台，如百度、芒果TV、新华社旗下平台中国搜索信息科技股份有限公司都推出了数字藏品平台。从中我们不难看出数字藏品较高的"人群黏性"以及市场潜力。

国家层面也已经在积极筹备相关基础设施建设。BSN是国家级区块链基础设施，采用联盟链形式，存在准入制度，链上流转在可控的范围内。从目前的情况来看，国内NFT发展路径首先是传统拍卖行和艺术策展机构率先入局，个体原创艺术家和各类文化IP也会先后进入NFT领域。只不过在监管和风险管控配套措施未到位之前，NFT的二级交易市场仍然不会开放。

NFT在我国的发展还有一个核心要点：最终结算必须采用法币体系。即便部分NFT基于联盟链发行，通过跨链实现和其他区块链的连接，实现更广泛的流转，但最终回到国内进行资产结算，必须使用人民币。

未来，NFT涉及的相关权利义务关系也会逐渐明晰。以版权保护问题为例，同一件加密数字艺术品是否可以上传至几个区块链，受到多个不同NFT的约束而没有排他性权利，作者在出售NFT后权利是否用尽等问题，也是未来相关法律会完善的领域。

NFT将成为下一代数字经济的核心要素。基于联盟链的合规NFT的出现，在某种意义上是我国NFT产业的积极探索。同时，在我国对加密货币保持监管态势的环境下，如何平衡监管红线与市场热潮成为各大科技巨头的最大挑战。阿里巴巴和腾讯等企业发起的区块链正在为我国的NFT合规性探索路径。

监管是当前NFT发展面对的主要问题。对于NFT的监管，未来可能是多机构监管，而不是单一机构监管。比如在反洗钱方面由金融监管机构负责；在数字代币领域由网络安全部门或者是网信部门监管；对于涉及NFT其他属性如金融外汇属性，则可能由外汇管理相关部门进行监管。

未来如果要从事于NFT领域，一方面需要做到合法合规，另一方面需要衡量自己的资金实力，面对未知的金融风险能够具备一定的化解能力。

由于各个国家法律不同，我国对于 ICO 和通证法律认定的性质与英美法等国家对其定义为证券的性质不同。我国证券法并不承认非法定等额分份的东西就是证券，我国将比特币这类虚拟货币定性为特定的虚拟产品，并没有证券性质。所以在我国未来负责NFT监管的机构也可能不是证券监管机构，海外的监管模式仅做参考，但是它并不符合我国实际情况。目前我国对NFT领域的探索，仍要符合我国法律法规的要求。

需要特别注意的是，不管其他国家和地区法律怎么规定，我国NFT相关从业者最终还要遵守我国法律。区块链公司即便将主体设在国外或公司人员在国外，也要受国内法律监管；无论主体是否在国内，一旦其侵害了中国人民的人身财产等利益，中国法律就会介入。当前，国内NFT行业仍处于试验阶段，面临着多重考验。业内人士普遍认为国内企业已经部署了NFT市场，正在探索区块链C端市场，但它们在发展中仍面临多重考验和风险。